作物栽培学实践教学指导

主　编　邵庆勤　任兰天
副主编　段素梅　李孟良
　　　　余海兵　王小华
　　　　李树成

合肥工业大学出版社

图书在版编目(CIP)数据

作物栽培学实践教学指导/邵庆勤,任兰天主编.—合肥:合肥工业大学出版社,2023.8

ISBN 978 - 7 - 5650 - 6401 - 2

Ⅰ.①作…　Ⅱ.①邵…　②任…　Ⅲ.①作物—栽培学—教学参考资料　Ⅳ.①S31

中国国家版本馆 CIP 数据核字(2023)第 149845 号

作物栽培学实践教学指导

邵庆勤　任兰天　主编		责任编辑　袁　媛　许璘琳　毛　羽	
出　版	合肥工业大学出版社	版　次	2023 年 8 月第 1 版
地　址	合肥市屯溪路 193 号	印　次	2023 年 8 月第 1 次印刷
邮　编	230009	开　本	787 毫米×1092 毫米　1/16
电　话	基础与职业教育出版中心:0551 - 62903120	印　张	8.5
	营销与储运管理中心:0551 - 62903198	字　数	172 千字
网　址	press.hfut.edu.cn	印　刷	安徽昶颉包装印务有限责任公司
E-mail	hfutpress@163.com	发　行	全国新华书店

ISBN 978 - 7 - 5650 - 6401 - 2　　　　　　　　　　定价: 38.00 元

如果有影响阅读的印装质量问题,请联系出版社营销与储运管理中心调换。

前　　言

　　作物栽培学是直接为农业生产服务的应用学科，是农学类各专业的专业基础课、专业核心课之一，在作物生产、粮食安全及现代农业发展中具有重要的地位和作用。作物栽培学实践是既紧密配合作物栽培学理论教学又相对独立的实践类课程，该课程以作物高产优质高效栽培技术为主线，对各种农作物的种植栽培技术进行有机整合，注重理论联系实践，在把握农业发展背景的前提下，使学生掌握各种农作物的基本种植技术，形成重基础、宽面向、新知识、强实践的课程结构体系，具有综合性高、涉及面广、实践性和季节性强等特点。

　　为适应应用型人才培养的发展趋势，我们必须强化农学类专业的实践技能教育，优化作物栽培学实践教学结构、整合实践教学内容，增加实践教学时数和比重，系统构建新的实践教学体系，加大对学生实践动手能力和创新能力的培养。教材建设是实践教学改进的重要环节，加强作物栽培学实践教学指导书籍的编写，将为农学类专业应用性人才培养奠定良好的教材基础。

　　本教材编写人员均长期从事作物栽培学相关教学与科研工作，既有作物栽培科研实力来保障教材内容的与时俱进性，又有作物栽培教学经验保障教材内容的学生适应度，本教材的出版将为作物栽培学实践教学提供有力的保障。全书共七章，包括三十九个实践项目，以综合性和设计性实践为主，涉及作物播种育苗、形态类型识别、田间生产诊断、作物产量估算、产品品质分析等实践教学内容，且紧紧围绕作物栽培的"高产、优质、高效"三大目标，以作物生长发育规律和学生实践技能认知规律为主线，增加启发性和探究性元素，在确保实践内容系统性的基础上，力求具有较高的科学性、先进性和实用性，帮助学生掌握作物生产及试验研究所必需的基本技能，培养学生综合分析和解决作物生产实际问题的能力。

　　本教材由安徽科技学院农学院组织编写，主要编写人员如下：第一章、第二章邵庆勤副教授，第三章任兰天教授和段素梅博士，第四章余海兵教授，第五章李孟良教授，第六章李树成博士，第七章王小华博士。全书由邵庆勤副教授进行统稿修改及编录。本教材的出版受到安徽科技学院教务处的大力支持，在此向相关部门的领导、参编老师们一并表示感谢！由于水平有限，书中错误及不足之处在所难免，恳请读者批评指正。

　　本书主要适用于农学、种子科学与工程、植物保护、农业资源与环境、园艺等农业类各专业的本科、专科学生，同时可供农学领域从事教学、科研、推广的人员参考。

编　者
2022 年 10 月

目　　录

第一章　作物栽培学综合实践

实践一　农业现状的社会调查

一、目的要求

对乡村或者大型农业种植园的参观和实际调查，能够让同学们更好地了解当前农业的基本情况，较全面地了解农业的发展水平，感受乡村振兴的成果，还能锻炼学生的沟通能力和团队合作能力，提高他们对加强"三农"工作重要性的认识，坚定学农爱农的思想。

二、内容说明

（一）调查地点

学校所在地或者家乡所在地的周边乡村或者大型农业种植园。

（二）调查内容

1. 调查地点的基本情况：自然条件、人口状况、土壤状况、种植业概况、工业概况等。

2. 调查地点的被调查者经济收入构成：种植业收入以及种植业收入的具体来源、养殖业收入以及养殖业收入的具体来源、政策性补贴收入、其他经济收入以及其他经济收入的具体来源（本地务工或外地务工，具体从事的工作种类、收入情况和收入稳定性等）。

3. 调查地点的被调查者对未来农业的期待：改善农业发展或者对当前生活状态的规划、期望、准备调整的途径、需要的科技政策支撑等。

4. 调查地点的农业生产中存在的问题以及目前土地流转现状和效果等；调查者认

为农业生产中存在的问题及解决途径，目前土地流转状态、土地流转后种植大户的土地来源与结构、种植大户的最大规模和最小规模、种植大户的主要种植作物及效益等。

（三）调查的方式方法

走访农户或者种植大户，通过沟通交流获得信息数据。

三、方法步骤

1. 制订社会调查计划，做好调查前的准备工作。

2. 到达学校所在地或者家乡所在地的周边乡村或者大型农业种植园。

3. 选择有代表性的 3～5 个农户或者 2～3 个种粮大户开展调查工作，也可以参观调查地点的村史馆、纪念馆等，获得调查地点的乡村发展经历信息。

4. 返校后，整理调查数据和结果。

5. 运用调查后的数据和结果，查找调查报告的写法，撰写调查报告。

四、作业

1. 根据调查数据，撰写调查报告。

2. 根据调查报告，分析乡村振兴的途径，并结合自己的专业，阐明未来自己能够为乡村振兴做出的目标和努力方向。

实践二　作物的综合认知与识别

一、目的要求

按作物用途和植物学系统相结合分类，作物可以划分为粮食作物、经济作物和饲料绿肥作物三大类。通过对各种作物的种子认知与识别、播种技术、外部形态认知与识别及田间管理技术等的学习与实践，全面完成对作物的综合认知与识别。

二、材料与用具

材料：各类作物的种子、整理完毕后待播种的试验田。

用具：铁锹、锄头、开沟器、农用耙子、铲子、麻绳、育秧盘、基质、插地牌、水桶、30 m 卷尺、5 m 卷尺、30 cm 直尺。

三、内容说明

（一）作物种子的认知与识别

按作物用途和植物学系统相结合分类，作物可以划分为粮食作物、经济作物和饲料绿肥作物三大类。粮食作物划分为禾谷类作物、薯芋类作物和豆类作物。经济作物划分为油料作物、纤维作物、糖料作物、嗜好性作物和其他作物。

粮食作物中，禾谷类作物主要包括小麦、玉米、高粱、大麦、燕麦、谷子（栗）、糜子（稷、黍）、食用稗、龙爪稷、荞麦、薏苡、籽粒苋等；薯芋类作物主要包括甘薯、木薯、马铃薯、凉薯（豆薯）、山药（薯蓣）、菊芋、魔芋、美人蕉（蕉芋）等；豆类作物主要包括大豆、黑豆、赤豆（小豆）、绿豆、菜豆（芸豆）、豌豆（荷兰豆）、蚕豆、小扁豆、鹰嘴豆、豇豆、刀豆、扁豆等。

经济作物中，油料作物主要包括花生、油菜、芝麻、向日葵、蓖麻、紫苏、红花等；纤维作物主要包括种子纤维作物（棉花）、韧皮纤维作物（亚麻、苘麻、红麻、黄麻、苎麻）、叶纤维作物（剑麻）等；糖料作物主要包括甘蔗、甜菜、甜叶菊、芦粟（甜高粱）等；嗜好性作物主要包括烟草、茶、咖啡等；其他作物主要包括香料作物（薄荷、留兰香）、染料作物（番红花、茜草、苏木、蓼蓝、姜黄、紫苏、五倍子）、编织材料作物（席草、蒲草）、药料作物（三七、天麻、黄连、甘草、枸杞、麻黄、百合、五味子、半夏）等。

饲料绿肥作物中，豆科饲料绿肥作物主要包括苜蓿、田菁、紫穗槐、沙打旺、紫云英、三叶草等；禾本科饲料绿肥作物主要包括苏丹草、黑麦草、鸭茅、披碱草、猫尾草等。

作物生产上所说的种子泛指用于播种繁殖下一代的播种材料。它包括植物学上的 3 类器官。第一类即由胚珠受精后发育而成的种子，如豆类、麻类、棉花、油菜、烟草等作物的种子；第二类为由子房发育而成的果实，如水稻、小麦、玉米、高粱、谷子等的颖果，荞麦和向日葵的瘦果，甜菜的聚合果，等等；第三类为进行无性繁殖用的根或茎，如甘薯的块根、马铃薯的块茎、甘蔗的茎节等。

（二）作物播种技术

1. 播种量的确定依据

播种量是指单位面积上播种种子的数量。播种量的多少，直接决定了单位面积基本苗的多少，这是影响作物个体生长和群体发育状况的重要因素。播种量的确定，要根据作物及品种类型、环境与生产条件、栽培技术水平、目标产量和经济效益等因素综合考虑决定。不同的作物及品种类型，在株型、分枝或分蘖上有很大差异。

一般植株高大、株型分散、分蘖（枝）性强、生育期长的作物及品种播种量小；反之则应大些。作物生长季节气候条件适宜的，播种量宜少；反之，气候条件差的则宜大些。土壤肥沃、施肥水平高的，播种量宜少；土壤贫瘠或施肥水平低的，宜适当增加播种量。灌溉条件好、水分供应充分的，播量宜少；而无灌溉条件、易受旱的应适当增加播种量。病虫草等危害严重的播种量宜多，反之则宜少。播种量也因播种方法而异，撒播宜多，条播次之，点播最少。

2. 播种量的确定方法

在确定播种量时，先根据目标产量和品种特性确定基本苗，然后根据千粒重、发芽率、种子净度和出苗率等计算播种量。其中，千粒重、发芽率和种子净度可在播前通过种子检验得到，出苗率则按常年出苗率的经验数字估算或通过实际试验求得。

$$每亩^{*}播种量（kg）= \frac{种子千粒重（g）×每亩基本苗}{1000×1000×发芽率（\%）×种子净度（\%）×田间出苗率（\%）}$$

3. 播种方法的选择

合理的播种方式能充分利用土地和空间，有利于作物生长发育，提高产量，又便于田间管理，提高工作效率。主要的播种方式有撒播、条播、点播等。

撒播是在整地后，把种子均匀地撒于田面，然后覆土。其优点为省工、省时、土壤利用率高（可以抢时播种）；缺点为种子分布不均匀、深浅不一致、出苗率低、幼苗生长不整齐、杂草多、田间管理不便等。所以，撒播要求整地精细，分畦或分地段定

---

* 亩为非法定计量单位，1 亩＝1/15 hm²≈667 m²。——编者注

量播种，尽量做到落籽均匀、深浅一致。生产上，水稻、油菜等育苗常采用撒播，直播稻也以撒播为主。

条播是在田间按作物生长所需的行距开辟条沟，将种子均匀播于沟内，再覆土镇压。条播可人工开沟条播，也可用播种机进行机械化条播。这是目前作物生产上广泛采用的一种播种方式。其优点为植株分布均匀，覆土深度比较一致，出苗整齐，通风透光条件较好，便于间作、套作和田间管理等。目前，条播是生产中运用较多的一种播种方式。

点播是按一定的行株距开穴播种，又称穴播。其优点为种子播在穴内，深浅一致、出苗整齐，便于增加种植密度、集中用肥和田间管理；缺点为费工较多，主要适用于大粒种子及丘陵山区。

4. 播种深度的确定

实际生产中，播种深度可以根据种子特性、土壤质地、土壤含水量和地区差异等来进行确定，具体可参考表1-1。

表1-1　主要作物的播种深度参考表

作物	播种深度（cm）	作物	播种深度（cm）
水稻（旱直播）	2～3	棉花	3～4
马铃薯	8～10	大麻	4～6
小麦	3～5	大豆	4～5
玉米	4～6	胡麻	3～5
高粱	3～4	油菜	2～3
糜黍、谷子	2～3	甜菜	3～5

（三）作物外部形态的认知与识别

1. 作物的根系

作物的根系由初生根、次生根和不定根生长演变而成。作物的根系可分为两类：一类是单子叶作物的根，属须根系；另一类是双子叶作物的根，属直根系。

单子叶作物如禾谷类作物的根系属须根系。它由种子根（或胚根）和茎节上发生的次生根组成。种子萌发时，先长出1条初生根，再长出3～7条侧根。随着幼苗的生长，基部茎节上长出次生的不定根，且数量不等。次生根较初生根粗，但均不进行次生生长，整个形状如须状。

双子叶作物如豆类、棉花、麻类、油菜的根系属直根系。它由1条发达的主根和各级侧根构成。主根由胚根不断伸长形成，并逐步分化长出侧根、支根和细根等，主根较发达，侧根、支根等逐级变细，形成直根系。

2. 作物的叶片

作物的叶片根据其来源和着生部位的不同，可分为子叶和真叶。子叶是胚的组成部分，着生在胚轴上。真叶简称叶，着生在主茎和分枝（分蘖）的各节上。

单子叶的禾谷类作物有一片子叶形成包被胚芽的胚芽鞘；另一片子叶形如盾状，称为盾片，在发芽和幼苗生长时，起消化、吸收和运输养分的作用。禾谷类作物的叶（真叶）为单叶，一般包括叶片、叶鞘、叶耳和叶舌 4 个部分，具有叶片和叶鞘的为完全叶，缺少叶片的为不完全叶，如水稻的第一叶为鞘叶。

双子叶作物有两片子叶，内含丰富的营养物质，供种子发芽和幼苗生长之用。其真叶多数由叶片、叶柄和托叶 3 个部分组成，称为完全叶，如棉花、大豆、花生等。但有些双子叶作物缺少托叶，如甘薯、油菜等；有些缺少叶柄，如烟草等。很多双子叶作物的真叶为单叶，即一个叶柄上只着生一片叶，如棉花、甘薯等；有的在一个叶柄上着生两个或两个以上完全独立的小叶片，即为复叶。复叶又分三出复叶（如大豆）、羽状复叶（如花生）、掌状复叶（如大麻）。有的作物植株不同部位的叶片形状有很大的变化，如红麻，基部叶为卵圆形不分裂，中部着生 3、5、7 裂掌状叶，越往上分裂越少，顶部叶为披针状。

3. 作物的茎

单子叶作物的茎多数为圆形，大多中空，如水稻、小麦等。但有些禾谷类作物的茎为髓所充满而成实心，如玉米、高粱、甘蔗等。茎秆由许多节和节间组成，节上着生叶片。禾谷类作物地上的节一般不分枝。

双子叶作物的茎一般接近圆形，实心，由节和节间组成。其主茎每一个叶腋都有一个腋芽，可长成分枝。从主茎上长出的分枝为第一级分枝，从第一级分枝上长出的分枝为第二级分枝，依此类推。有些双子叶作物分枝性强，如棉花、油菜、花生和豆类，分枝多对产量形成有利；另一些双子叶作物分枝性弱，如烟草、麻类、向日葵等，分枝多对产量和品质反而不利。

4. 作物的花与果实

花的类型主要根据 5 种不同分类方式可分为：完全花、不完全花；辐射对称花（整齐花）、两侧对称花（不整齐花）、不对称花；重被花、单被花、无被花；两性花、单性花、无性花；风媒花、虫媒花、鸟媒花、水媒花。花的形状有喇叭形、扇形、椭圆形、圆形、唇形。

禾本科作物由于花的构造较为特殊，开花时，浆片（鳞片）吸水膨胀，内稃、外稃张开，花丝伸长，花药上升，散出花粉。各种作物开花都有一定的规律性，具有分枝（分蘖）习性的作物，通常是主茎花序先开花，然后是第一次分枝（分蘖）花序、第二次分枝（分蘖）花序，依次开花。同一花序上的花，开放顺序因作物而不同，由下而上的有油菜、花生和无限结荚习性的大豆等；中部先开花然后向上向下的有小麦、大麦、玉米和有限结荚习性的大豆等；由上而下的有水稻、高粱等。

按照果实的形成特点，可以把果实分为三大类：单果、聚合果和复果。单果是一朵花中仅有一个雌蕊。根据果皮及其附属部分成熟时的质地和结构，又可把单果分为肉质果和干果两类。肉质果划分为浆果、柑果、瓠果、梨果、核果。干果依开裂与否又可以分为裂果与闭果两类。裂果包含荚果、蓇葖果、角果、蒴果。闭果包含瘦果、坚果、颖果、翅果、分果。聚合果是由一朵花中多数离生雌蕊发育而成的果实，许多小果聚生在花托上。聚合果根据小果的不同而分为多种，如芍药的果实是聚合蓇葖果，莲的果实为聚合坚果。复果是由整个花序形成的果实，如桑、无花果等的果实。

（四）作物主要田间管理技术

1. 合理灌溉与排水

水分是作物生长发育的重要因素。土壤水分过少或地下水位太低都会使作物遭受旱害，需要灌溉；土壤水分过多或地下水位太高都会使作物遭受涝害，需要排水。

目前我国采用的灌溉方法，按向田间输水的方式和湿润土壤的方法分为地面灌溉、地下灌溉、喷灌和滴灌四大类。若种植的每种作物的面积较少，一般采用地面灌溉或喷灌方式来进行。旱地作物土壤田间持水量为 $50\%\sim60\%$ 及以下时，需要进行灌溉。

排水的目的在于及时排除地面积水和降低地下水位，使一定深度的土壤水分达到适宜作物生育的状况。旱地作物土壤田间持水量为 $90\%\sim100\%$ 及以上时，需要进行排水。

2. 合理施肥

在底肥充足情况下，一般在作物生长的前中期需要进行一次追肥，追肥以氮肥为主。若田间出现缺素症状，应及时通过施肥措施来补充缺少的元素。

3. 适时促控

作物栽培的目的在于获得高产优质的作物产品，而作物本身生长发育有一定的规律，所以人们应根据天、地和作物的各个生育时期进行促控，例如苗期追肥、晒田、蹲苗、镇压等措施。同时，在拔节期喷施稀效唑等可控制节间伸长。

4. 中耕培土

作物生长过程中由于田间作业、降雨、灌溉等的作用，土壤逐渐变紧，孔隙度降低，表层板结，影响土壤中空气与大气的交换，所以必须进行松土，称为中耕。在植株基部壅土称为培土。中耕可以疏松土壤，消灭杂草，减少地力消耗，增加土壤通气性，利于土壤微生物活动，促进有机物质分解，提高土壤有效养分含量。培土可以提高土温，提高作物抗倒能力等。中耕进行的时间、次数、深度和培土高度，由作物、环境条件、田间杂草和耕作精细程度而定。

5. 杂草防除

田间杂草是影响作物产量的灾害之一。杂草与作物争光、争水、争肥、争空间，降低田土养分和土壤温度。杂草具有顽强的生活力，能适应各种环境。另外，杂草常是病虫害的中间寄主和越冬场所，杂草丛生增加了病虫传播和危害程度。所以防除杂草是一项重要而艰巨的工作。

6. 病虫害防治

作物病虫害防治的目的在于保护作物不受病虫侵害，保证作物获得优质高产。病虫害防治应贯彻"预防为主，综合防治"的方针，应用各种方法，把病虫害限制在不能造成损失的最低限度。病虫害防治主要包括农业防治、生物防治、物理防治和化学防治，应根据具体病虫害情况进行相应防治工作。

四、方法步骤

（一）作物种子的认知与识别

将班级同学分成小组，每个小组 3～5 名同学。根据随机抽号法，确定每个小组的作物种类。每个小组查找分配的作物种子的形态等资料，并结合作物种子的实物，进行汇报并接受同学提问和咨询，各组相互交流后，每位同学选择各类农作物中的 5～10 种农作物种子，进行绘图，加深对各类作物种子的认知和识别。

（二）作物播种技术

各组同学根据随机抽号法，确定作物种植的位置，查找分配作物的播种条件、播种注意事项、田间管理注意事项等资料，每个小组独立完成指定作物的播种工作，并保证作物能够顺利出苗、苗壮成长。

（三）作物外部形态的认知识别与作物种植经验交流

作物出苗后，以组为单位，各组同学进行作物外部形态的认知识别，相互交流各种作物的播种注意事项和作物的外部形态、长势长相，以及田间管理过程中的注意事项等。大家在相互交流中，完善对各种作物的认识。在作物生长的关键时期，多次进行作物外部形态的认知识别与作物种植经验交流。

五、作业

1. 每次实习结束，记录实习的内容。

2. 在实习过程中，若出现管理不当，造成作物生长迟缓等情况，应说明原因并提出改进措施。

3. 本实习内容全部结束后，提交实习总结与心得体会。

实践三　作物生长分析

一、目的要求

作物的生长发育过程就是光合产物不断增长和积累的过程。不同的作物或品种、同一作物的不同生育时期以及在不同生态环境和栽培条件下，光合产物积累速度及在各器官中的分配情况是不同的，了解作物光合产物的积累速度和分配情况有助于揭示作物生长发育的规律，也为制订合理栽培措施提供了依据。作物生长分析法就是定量研究作物光合产物生产与积累及在各器官中分配情况的一种方法，在科研和生产中较为常用。

通过本试验，学生可以初步掌握常用作物生长分析方法，了解作物生长发育过程中不同时期、不同器官的干物质积累和分配规律。

二、材料与用具

材料：田间生长中的小麦、水稻、玉米等农作物，且每种农作物设置不同品种或同一品种不同种植密度。若需要考虑作物根系生长量，应安排盆栽或大田状态下用塑膜袋装土，在袋中播种后置于作物群体中，以确保根系的全量取样。

用具：精度 0.01～0.001 g 天平、30 cm 直尺、剪刀、叶面积测定仪、烘箱、铝盒（或 8 cm×10 cm 牛皮纸袋）、大牛皮纸袋（14 cm×14 cm×30 cm）。

三、内容说明

作物的生长速率和生育状况可用如下指标反映：

（一）相对生长率（relative growth rate, RGR）

相对生长率（RGR）是指单位质量干物质在单位时间内的干物质增长量。作物干物质的增长是在原有物质的基础上进行的，植株体越大，其生产的效能就越高，形成的干物质也就越多。相对生长率反映干物质在原有基础上的增长速度，其计算公式：

$$RGR = \frac{1}{W} \cdot \frac{dW}{dt} = \frac{\ln W_2 - \ln W_1}{t_2 - t_1}$$

其中，W 表示某个阶段的植物干重，t 表示时间，即 W_2 为 t_2 时间的植物干重，W_1 为 t_1 时间的植物干重。RGR 的单位为 g/（g·d）［克/（克·天）］或 g/（g·周）［克/（克·周）］。

（二）净同化率（net assimilation rate, NAR）

净同化率（NAR）是指单位叶面积在单位时间内的干物质增长量。净同化率反映作物叶片的净光合效率，大体上相当于用气相分析法测定的单位叶面积净同化效率的数值，是由植物体干物质增长与植物叶片表面积测定法二者间接计算出来的。它是从叶片真正同化作用中，减去了叶片、茎部和根系等呼吸作用所消耗的部分，以及脱落器官损失部分。通过间隔一定时间取整株样品求得的净同化率是不同年龄阶段叶片同化效率的平均值，方法简便，无须复杂仪器设备，其计算公式：

$$\text{NAR} = \frac{1}{L} \cdot \frac{dW}{dt} = \frac{\ln L_2 - \ln L_1}{L_2 - L_1} \cdot \frac{W_2 - W_1}{t_2 - t_1}$$

其中 L 为叶面积。NAR 单位为 mg/（cm²·d）[毫克/（厘米·天）] 或 g/（m²·周）[克/（米²·周）]。

（三）叶面积比率（leaf area ratio, LAR）

叶面积比率（LAR）是指作物单位干重的叶面积，即叶面积对植株干物重之比。其计算公式：

$$\text{LAR} = \frac{L}{W} \cdot \frac{dW}{dt} = \frac{\ln W_2 - \ln W_1}{W_2 - W_1} \cdot \frac{L_2 - L_1}{\ln L_2 - \ln L_1}$$

LAR 单位为 m²/g（米²/克）。

由上面的公式可得出：LAR＝RGR/NAR 或 RGR＝LAR·NAR。

（四）比叶重（specific leaf weight, SLW）和比叶面积（specific leaf area, SLA）

比叶重（SLW）是指单位叶面积的叶片质量（干重或鲜重），通常用干重来表示，是衡量叶片光合作用性能的一个参数，它与叶片的光合作用、叶面积指数、叶片的发育相联系。其计算公式：

$$\text{SLW} = \frac{Lw}{L} = \frac{1}{2} \cdot \left(\frac{Lw_1}{L_1} + \frac{Lw_2}{L_2} \right)$$

其中，L 为叶面积，Lw 为叶的干重。SLW 的单位为 g/cm²（克/厘米²）。

比叶重的倒数称为比叶面积（specific leaf area, SLA），它是单位叶干重的叶面积，表示叶片的厚薄。在同一个体或群落内显示受光越弱而比叶面积越大的倾向，因此比叶面积一般作为表示叶遮阴度的指数而使用。但在同一叶片，比叶面积则显示随着叶龄的增长而减少的倾向。其计算公式：

$$\text{SLA} = \frac{L}{Lw} = \frac{1}{2} \cdot \left(\frac{L_1}{Lw_1} + \frac{L_2}{Lw_2} \right)$$

比叶面积（SLA）的单位为 cm^2/g（厘米^2/克）。

（五）作物生长率（crop growth rate, CGR）

作物生长率（CGR）是指单位时间内单位土地面积上增加的干物重。作物在群体生长情况下，其群体产量可以用单位土地面积上的干物重来表示，因此作物生长率又称为群体生长率，可用下式表示：

$$CGR = \frac{Y_2 - Y_1}{t_2 - t_1}$$

其中，为 Y_2 为 t_2 时间单位土地面积上全部植株的干物重，Y_1 为 t_1 时间单位土地面积全部植株的干物重。单位为 $g/(m^2 \cdot d)$ ［克/（米^2·天）］或 $kg/(hm^2 \cdot d)$ ［千克/（公顷·天）］。

（六）干物质分配率（dry matter partitioning ratio, R）

干物质分配率（R）是指同一时期内，增加的叶、茎、根、穗等各器官的干重占植株总增重的百分比，用以确定干物质分配规律。其计算公式：

$$R = \frac{C_2 - C_1}{W_2 - W_1} \times 100\%$$

其中，C_1、C_2 为某器官在某段时间内的初始和最终干物质重量，W_1、W_2 为全株该段时间内的初始和最终干物质重量。

四、方法步骤

应分组进行。在田间每个处理下，每隔 1～2 周，随机取一定量（10 株左右）不同作物或不同栽培措施下的植株带回试验室，用水洗净后剪去根系，用长宽系数法（长×宽×0.78）、打孔称重法或叶面积测定仪测定叶面积；然后分器官（叶片、茎鞘、穗或花果等）装入铝盆或者信封内，写上标签，置于鼓风烘箱内，先于 105 ℃下烘 1 h（杀青），然后在 60～80 ℃下烘至恒重，称干物重。为了计算作物生长率和干物质分配率，需要测定单位面积上的有效单茎数量。

五、作业

分别将前后两次测定的有关数据填入表 1-2，将计算的 RGR、NAR、LAR、SLW、SLA、CGR 及不同处理下干物质在各器官的分配率填入表 1-3 和表 1-4，并分析不同处理下作物生长规律及干物质分配率间的区别和联系。

表 1-2 测定结果记载表

测定日期：   作物或栽培措施：

| 处理 | 株号 | 叶片总数 | 总叶面积（cm²） | 干物重（g） | | | | 单位面积穗数（万个/hm²） |
				叶片	茎鞘	穗（花果）	全株	
处理1	1							
	2							
	3							
	4							
	5							
	6							
	7							
	8							
	9							
	10							
处理2	1							
	2							
	3							
	4							
	5							
	6							
	7							
	8							
	9							
	10							

表 1-3 计算结果记载表

测定日期：   作物或栽培措施：

| 处理 | RGR | NAR | LAR | SLW | SLA | CGR | 器官 | | |
							叶片	茎鞘	穗（花果）
处理1									
处理2									

表 1-4　不同处理下干物质在各器官的分配百分率

处理	测定时间	器官	分配百分率（%）
处理 1		叶片	
		茎鞘	
		穗（花果）	
		叶片	
		茎鞘	
		穗（花果）	
处理 2		叶片	
		茎鞘	
		穗（花果）	
		叶片	
		茎鞘	
		穗（花果）	

实践四　农作物间作、套作、复种设计

一、目的要求

通过间作、套作及复种设计与操作，学生掌握间作、套作及复种的设计依据和方法。

二、材料与用具

材料：间作作物种子（玉米和大豆、小麦和蚕豆等）、整理完毕后待播种的间作试验田。

用具：铁锹、锄头、开沟器、农用耙子、铲子、麻绳、插地牌、水桶、30 m 卷尺、5 m 卷尺、30 cm 直尺。

二、内容说明

（一）间作设计

间作是指在同一块地里成行或成带间隔种植两种或两种以上生长期长短相近的作物。间作设计以作物品种形态特征、生态适应性、生育期长短和经济价值等因素为依据。

1. 合理搭配作物种类与品种

（1）不同形态的作物搭配。

间作作物的形态特征与生育特性要相互适应，益于互补地利用环境。例如，作物要高低搭配，株型要紧凑与松散对应，叶片要宽窄、大小、尖圆互补，根系要深浅疏密结合，生理、生长发育上要使喜光与耐阴、喜氮与喜磷钾、生育期长短、喜凉与喜温互补等。

（2）生态适应性的选择。

间作作物的特征、特性对应互补，即选择生态位不同的作物，才能充分利用空间和时间，利用光、热、水、肥、气等生态因素，增加产量。矮位作物光照条件差，发育延迟，要选择耐阴性强而适当早熟的品种。

（3）不同生育期作物的搭配。

在生长季节许可范围内，两种作物时间差异越大，竞争越小。间作要选择生育期长的作物与生育期短的作物搭配。

（4）不同作物种类的经济价值。间作要求经济效益高于单作。

2. 确定合理的田间配置

田间配置应有利于调节地面上部光照、温度、湿度等条件和地下面部水分与养分的供应。

（1）密度。

一般高位作物的种植总密度要高于单作，以充分利用通风透光条件，发挥密度的增产潜力，最大限度地提高产量。不耐阴的矮位作物由于光照条件差，水肥条件也差，其种植密度应略低或与单作时相同。

（2）行数与幅宽。

高位作物行数不可多于边行优势的范围，以充分发挥其边行优势，其行距一般要小于单作时。矮位作物为主作物时，行数要多，以尽量减少高位作物对其遮阴和争夺水肥的影响。矮位作物耐阴性强时，行数可少些，一般采用缩小本身行距、加大与高位作物的间距的配置方式，减少与高位作物的竞争。

（3）间距。

既要有利于减少矮位作物的边行劣势，又要最经济地利用土地。影响间距的因素有：矮位作物行数、耐阴程度、高位作物遮阴的强度等。矮位作物行数少、耐阴性差、高位作物遮阴强的，都要适当加大间距。

（4）带宽。

一般可根据作物品种特性、土壤肥力以及农机具来进行调整。高位作物占种植计划的比例大而矮位作物又不耐阴，两者都需要大的幅宽时，应采用宽带种植。高位作物比例小且矮位作物又耐阴时，应采用窄带种植。株型高大的作物品种或肥力高的土地，行距和间距都要大，带宽要加宽，反之缩小。此外，机械化程度高的地区一般采用宽带间作。中型农机具作业，带宽要宽；小型农机具作业可窄些。

（5）行向。

若两种作物高度差较大，矮位作物所占地面较窄时，南北行向种植较好；若两种作物高度差较小，矮位作物所占地面较宽时，东西行向种植较好。

（二）套作设计

套作是指在前季作物生长后期的株行间播种或移栽后季作物的种植方式。套作设计以作物品种形态特征、生态适应性、生育期长短和经济价值等因素为依据。

1. 合理搭配作物种类与品种

（1）不同形态的作物搭配。

套作时，前作要选用早熟、高产、株型紧凑的作物与品种，尽量减少前后作物共生期及共生期间前作对后作的遮光，减少竞争。

（2）生态适应性的选择。

套作时两种作物既有共同生长的时期，又有单独生长的阶段，因此在作物选择上，一方面要考虑尽量减少上茬与下茬之间的矛盾，另一方面要尽可能发挥套种作物的增产作用，不影响其正常播种。

（3）不同生育期作物的搭配。

套作中，套种时期是套作成败的关键之一。套种过早，共生期长，下茬作物苗期生长差，或植株生长过高，在上茬作物收获时下茬作物易受损害；但又不能过晚，过晚套作就失去了意义。套种时期的确定与多方面的情况有关，如配置方式、上茬长势、作物品种等。一般来说，宽行可早，窄行宜晚；上茬作物长势好应晚套，长势差应早套；套种较晚熟的品种可早，反之宜晚；耐阴作物可早套，易徒长倒伏的宜晚。

（4）要求经济效益高于单作。

通过采用补救的措施适当安排套作，可有效地提高经济效益。例如，麦棉套作应用育苗移栽和地膜覆盖技术，在小麦减产不多情况下，套作棉花比麦后直播棉花效益大大增加了。

2. 确定合理的田间配置

田间配置应有利于调节地面上部光照、温度、湿度等条件和地面下部水分与养分的供应。

（1）密度。

各种作物的密度与单作相同。当上茬、下茬作物有主次之分时，要保证主要作物的密度与单作相同，或占有足够的播种面积。

（2）行数与幅宽。

以作物的主次来决定上茬、下茬作物的行比和幅宽。例如，小麦套作棉花方式，以春棉为主时，应按棉花丰产要求，确定行比和幅宽，插入小麦；以小麦为主兼顾夏棉时，小麦应按丰产需要正常播种，麦收前晚套夏棉。

（3）间距。

套作中的后作物套种时间晚，可忽略间距。但在早套情况下，共生期较长，特别是后作不耐阴时，则应对间距予以注意。例如，麦棉套作时，麦棉之间要保持一定的间距。

（三）复种设计

复种是指在同一块田地上，于同一年播种一茬以上生育季节不同的作物。

1. 熟制的确定

（1）热量条件是一个地区能否复种的首要条件。我国以大于或等于 10 ℃的积温作指标，小于 3600 ℃ 可以 1 年 1 熟，3600～4800 ℃ 可以 1 年 2 熟，大于 4800 ℃ 可以 1 年 3 熟。

（2）水分条件是决定能否复种的另一个因素。我国年降水量 600～2000 mm 的地区或有灌溉的地区，宜发展复种。夏季种植需水量较多的作物，冬季种植需水量较少的作物。

2. 复种技术

（1）充分利用休闲季节增种一季作物，如南方利用冬闲田种植小麦、大麦、油菜、蚕豆、豌豆、马铃薯、冬季绿肥等作物；华北、西北以小麦为主的地区，小麦收后夏闲期在 65～75 d 的可复种荞麦、糜子，75～85 d 的可复种早熟大豆、谷子，85 d 以上的可复种早熟夏玉米，110 d 的可复种中熟玉米。

（2）利用短生育期作物替代长生育期作物。如甘肃、宁夏灌区的油料作物胡麻（油用亚麻）生育期长（120 d），产量不高，改种生育期短的小油菜，能与小麦、谷子、糜子、马铃薯等作物复种。

（3）开发短间隙的填闲利用。短间隙期一般 2 个月左右，不足以生长一季作物，常种植一些填闲作物，如短生育期的绿肥、饲料、蔬菜等。

（4）发展再生稻。

（5）改直播为育苗移栽，缩短大田期。育苗移栽是克服复种后生育季节矛盾最简便的方法，在水稻、甘薯、油菜、烟草等的复种栽培上应用广泛。

（6）合理运用套作技术，即在前作收获前 20～30 d 于行间、株间或预留行间直接套播或套栽后作。

（7）促进早发早熟。在玉米生育中后期喷乙烯利，可使成熟期提早 7 d 左右。棉花、烤烟施用乙烯利也能促进成熟。地膜的运用可使玉米成熟期提早 7～10 d。播种季节较紧的地区，可以采用作物适当密植栽培的方法来提早作物的成熟，如对麦棉连作的迟播棉花采用高密度低打顶的做法，使晚播棉产量增加。

（8）增施肥料。复种对养分需求量大，带走的营养元素增加，而自然归还的又少，故复种需增加施肥量。另外，土壤肥力高有利于复种，所以复种要选择肥力高的大田。

3. 复种指数计算

复种指数计算计算公式：

$$耕地复种指数 = \frac{全年作物总收获（或播种）面积}{耕地面积} \times 100\%$$

（四）间作、套作、复种综合运用

间作、套作、复种综合运用是以粮为主，间作、套作，复种菜、油、饲的模式。

（1）小麦宽带套作玉米，每带种 6 行小麦 2 行玉米，种小麦时预留套作玉米行，带宽 160 cm，小麦行距 20 cm，玉米窄行距 40 cm，小麦、玉米间距 10 cm。小麦收前 10 d 套种玉米。

（2）套作玉米前在预留玉米行种植越冬蔬菜如菠菜、蒜、洋葱等，条件允许的可加盖塑料薄膜，进行保护地栽培。注意：间作物与小麦的间距要利于田间作业。

（3）小麦收获后，在玉米大行间间作秋播小麦以前可以收获的短季作物，如早熟的黄瓜、花椰菜等，主要用作饲料的甘薯、绿豆等，油料作物如花生等。注意：间作物的行株距与单作相同，与玉米的间距不宜小于 30 cm。

四、方法步骤

1. 以小组为单位，合理规划好田间间作或套作的行比、行距、株距、幅宽等，并用卷尺进行间作或者套作的田间规划和设计。查找资料，设计出适合本地区或家乡所在地的间作、套作模式。

2. 根据给定的作物种子的播种要求等，进行间作或套作的播种工作。

3. 精细田间管理后，出苗后观察间作或套作的实际田间布局情况，并在生育后期进行间作或套作农田的田间测产。

五、作业

1. 叙述间作、套作、复种设计的依据。

2. 根据当地条件分别设计两种间作、套作、复种方式，用文字描述每一种种植方式，并分别作图（行距、行比、间距、幅宽、带宽等）。

3. 田间测定两种间作或套作模式下各种作物的理论产量，并进行分析比较，得到最佳的间作或套作模式。在此基础上，与单作相比较，分析间作或套作模式下的经济效益。

实践五　农作物播种及播种质量检验

一、目的要求

通过种子处理、播种及播种质量检验实践，学生掌握作物播种及播种质量检验技术。

二、材料与用具

材料：当地主栽的农作物种子 1～2 种、整理完毕后待播种的试验田。

用具：水缸或水池、竹箩筐或塑料菜篮、比重计、量筒（1000 mL）、圆底大锅（或塑料编织袋、有盖的大玻璃瓶、小铁桶、塑料袋）、石灰（或泥土、工业盐、硫酸铵）、种衣剂、锄头、15 m 卷尺、5 m 卷尺、30 cm 直尺等。

三、内容说明

（一）农作物种子处理

1. 种子清选

种子清选包括筛选、风选和液体比重法等，主要功能是将不饱满的种子、草籽、沙粒等杂物清理干净。液体比重法就是利用溶液的比重，将质地不同的种子分开。常用的液体有清水、泥水、盐水和硫酸铵水等。液体比重的配置要根据作物种类和品种而定，如杂交水稻用清水，粳稻为 1.08～1.13、籼稻为 1.08～1.12、小麦为 1.10～1.20、油菜为 1.05～1.08。经过液体比重法后，种子用清水洗净。

2. 晒种

在播前选择晴天晒种 1～2 d。晒种时注意不要在柏油路上翻晒，以免温度过高烫伤种子，降低发芽率。在水泥地上晒种要薄摊勤翻，以防止有谷壳的种子谷壳破裂；但也要注意不要摊得过薄，一般以 5～10 cm 为宜，并要每隔 2～3 h 翻动一次。

3. 种子包衣

种子包衣是利用黏着剂或成膜剂，将杀菌剂、杀虫剂、微肥、植物生长调节物质、着色剂或填充剂等非种子物质包裹在种子外面，使种子呈球形或基本保持原有形状，提高抗逆性、抗病性，加快发芽，促进成苗，增加产量和改善品质的一项种子新技术。种子包衣主要包括种子丸化和种子包膜，其中，包衣种子表面由一层薄薄的药膜所包裹，因此在运输过程中要尽可能减少中转装卸次数，并在装卸时轻拿轻放。

（二）农作物播种技术

1. 播种期的确定

温度是决定作物播种期的主要因素，通常将当地气温或土温能满足作物萌发生长要求的时间定为最早播种期；最迟播种期，则以当地气温能满足作物安全开花或正常成熟要求为准。同时，还要结合土壤条件（特别是土壤含水量）、品种特性和前后作等因素来综合考虑。主要作物最早播种期的温度要求见表 1-5 所列。

表 1-5　主要作物最早播种期的温度要求

作物名称	温度指标
玉米	日平均气温 12 ℃，地温 10~12 ℃
水稻	日平均气温粳稻 10 ℃、籼稻 12 ℃、杂交水稻 13 ℃
大豆	5 cm 地温稳定在 10~12 ℃
油菜	日平均温度 16~22 ℃播种，另外还要考虑在油菜移栽后，至少还有 40~50 d 的有效生长期才能进入越冬（3 ℃）
小麦	春小麦日均气温稳定在 0~4 ℃，表土融合；冬小麦冬性品种平均气温为 16~18 ℃，半冬性品种为 14~16 ℃，春性品种为 12~14 ℃
花生	5 cm 地温稳定在 15 ℃
棉花	5 cm 地温稳定在 14 ℃

2. 播种量的确定

播种量的计算公式：

$$单位面积播种量（kg）=\frac{单位面积计划苗数×千粒重（g）}{净度×发芽率×1000×1000}×（1+田间损失率）$$

式中单位面积计划苗数根据作物种类、品种、生产条件而定；千粒重、净度、发芽率可从种子质量检验报告或种子包装袋上获取；田间损失率一般为 0.1~0.3，精量等距点播的取 0.1，半精量人工间苗的取 0.2~0.3。

3. 播种方式

农作物不同播种方法操作要点见表 1-6 所列。

表 1-6　农作物不同播种方法操作要点

播种方式	操作要求及特点
撒播	将种子均匀地撒在畦面，用耙覆土。此法省工、省时，但种子分布不均匀，深浅不一致，田间管理不方便
条播	按一定行距开沟播种。此法便于机械化作业，播种深浅一致，有利于通风透光和田间管理。根据行距不同，可分成普通条播（行距为 13~15 cm）、窄行条播（行距在 7.5 cm 左右）、宽行条播（行距为 45~70 cm）以及带状条播（宽窄行条播）
点播	按一定行、穴间距挖一小穴，放入种子。此法可确保播种均匀，节省种子

4. 播种深度

播种深度要根据作物种类（小粒种子宜浅些，大粒种子宜深些）、土壤质地（黏质土壤宜浅些，沙质土壤宜深些）、土壤水分（水分充足宜浅些，水分偏少宜深些）等因素因地制宜地确定。一般情况下主要农作物播种深度可参考表1-7所列。

表1-7 主要农作物播种深度

作物名称	播种深度（cm）	作物名称	播种深度（cm）
水稻	1～2	棉花	3～4
冬小麦	4～6	大豆	4～5
春小麦	4～5	花生	3～6
玉米	4～6	油菜	2～3
高粱	3～4	—	—

（三）农作物播种质量调查

1. 播种规格调查

对条播和点播田块，采用五点取样法定样点，每个样点量有10个行距和10个株（穴）距的距离，同时清点10穴的播种总粒数，然后分别计算平均行距、平均株（穴）距、平均每穴播种粒数。播种规格的测量示意图如图1-1所示。

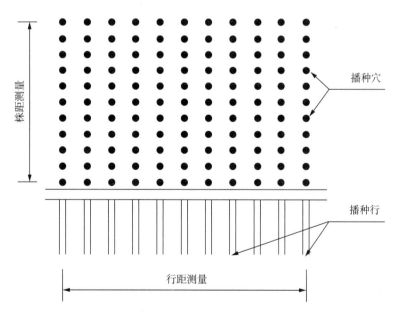

图1-1 播种规格的测量示意图

2. 播种密度调查

撒播田块播种密度调查：采用5点取样法定样点，每点调查0.1～1.0 m²的种籽粒数，小粒种子的调查面积偏向下限，大粒种子的调查面积偏向上限。按下列公式计算播种密度：

$$播种密度（粒/hm^2）=\frac{调查样点内种子总粒数}{调查样点的总面积（m^2）}\times 10000$$

条播或点播田块播种密度计算公式：

$$播种密度（粒/hm^2）=\frac{平均每穴播种粒数}{平均行距（m）\times 平均株（穴）距（m）}\times 10000$$

3. 播种深度的调查

采用 5 点取样法定样点，每样点至少调查 2 穴播种深度，在每样点播种穴上扒开表土，找出种子的部位，然后用直尺测量播种深度（如图 1-2 所示），求出播种深度的平均值。

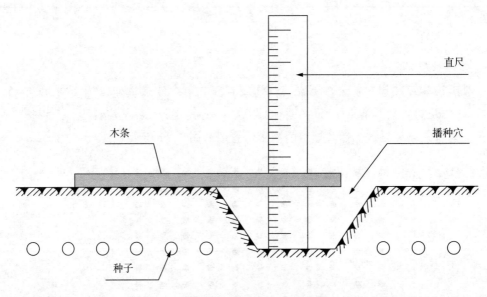

图 1-2 播种深度的调查

4. 播种质量调查结果统计

调查结束后，将各样调查结果填入表 1-8，计算出各项指标的平均值，并根据调查结果对全田播种质量做出评价。

表 1-8 农作物播种质量调查表

样点号	行距 （cm）	株（穴）距 （cm）	每穴播种 粒数	播种密度 （粒/hm²）	播种深度 （cm）
1					
2					

（续表）

样点号	行距 （cm）	株（穴）距 （cm）	每穴播种 粒数	播种密度 （粒/hm²）	播种深度 （cm）
3					
4					
平均					

四、方法步骤

1. 按照农作物种子的处理方法处理种子。

2. 按照农作物播种技术的播种期、播种量、播种方式、播种深度等要求进行农作物田间播种。

3. 按照播种质量调查的要求进行各组播种质量的相互调查。

五、作业

1. 撰写 1～2 种农作物的种子处理、播种、播种质量检验实践的具体操作技术要点与注意事项。

2. 完成一份播种、播种质量检验的调查报告。

实践六　禾谷类作物的形态识别

一、目的要求

认识禾谷类作物的一般形态特征，重点识别第一、二类禾谷类作物。

二、材料与用具

材料：小麦、大麦、黑麦、燕麦、水稻、玉米、高粱、谷子（粟）等作物的种子、幼苗和植株的鲜（干）标本；在试验前 2 个月左右，把小麦种子以浅覆土（3 cm）和深覆土（6 cm）的方式播种，试验时分别挖取，以便观察根系特征；在试验前一周将上述作物种子在恒温箱内发芽，供试验时观察胚根发生情况及数量。

用具：放大镜、解剖针、镊子、刀片等。

三、内容说明

禾谷类作物是大田作物中最广泛的一类。它包括植物学上的禾本科（*Poaceae Barnhart*）的小麦属（*Triticum*）、大麦属（*Hordeum*）、黑麦属（*Secale*）、燕麦属（*Avena*）、玉蜀黍属（*Zea*）、稻属（*Oryza*）、高粱属（*Sorghum*）、狗尾草属（*Setaria*）、黍属（*Panicum*）。在属以下还包括许多种和变种、品种。它们在形态、构造、生理学特性上各有不同之处，但也有许多共同的特征特性。在研究和实践中，一般可将它们分为两大类。即第一类禾谷类作物：小麦、大麦、黑麦、燕麦；第二类禾谷类作物：水稻、玉米、高粱、黍（稷）。要研究每个属、种的个别特征，首先应从研究它们的共同特征入手。

（一）根

禾谷类作物根系为须根系，无主侧根之分。种子发芽时，首先发生 1 条或数条种子根，以后随植株的生长，不断在茎的基部节上发生不定根（次生根）。根系主要分布在20 cm左右的耕作层内，最深达 1 m。根系的发育状况受土壤、耕作、栽培条件等因素影响而有很大差别。有些高秆禾谷类作物如玉米、高粱等在近地面茎节上，常发生数条气生根（支持根），主要作用在于加强抗倒伏能力，同时还有吸收功能。

禾谷类作物籽粒在发芽条件具备时，籽粒中贮藏的养料经过酶的活动，水解成为可溶性的物质，通过盾片不断供应胚芽及胚根，于是就萌动生长。一般胚根先于胚芽突破胚根鞘和籽粒外皮伸出籽粒之外，而胚芽鞘则包住真叶破皮而出，这是禾谷类作物种子萌发的共同特点。

禾谷类作物在出苗至分蘖发生期间，由于胚轴延长而在地下部形成一个特殊的"节间"（一般称为地下根茎、地中茎、根状节间），在播种较深的情况下，根间延长尤为显著，根间之长短可以调节分蘖节在土层中的位置。

（二）茎

茎为圆柱形，节间多中空，少数充满着髓，由一定数目的节和节间组成。一般地面上部有5、6节不等，高粱、玉米等可达15节。节间自下而上逐步伸长，通常节间的长短、茎壁的厚薄、机械组织的发达程度与抗倒伏性密切相关。禾谷类作物还有许多节密集在地面下部，节上互生侧芽，在适宜的条件下，可以自下而上顺次萌发形成分枝，称为分蘖。地上部茎节腋芽一般呈潜伏状态，一定条件下也能发芽形成分枝，抽穗结实。

（三）叶

发芽的种子，先长出筒状芽鞘，它顶端尖锐，具有保护叶顺利出土的功能，之后陆续出现完全叶（水稻还有一片不完全叶），着生于茎节上。叶由叶身、叶鞘组成，叶身与叶鞘的交界处有一带状组织称叶枕（叶环）。通常在叶鞘先端还有一伸长的薄膜状组织，称为叶舌。在其两侧常还有两个半月形状延生物为称为叶耳。叶耳上通常生有茸毛。叶舌、叶耳的有无及大小、形状是抽穗前区别禾谷类作物的主要特征。叶鞘基部膨大的地方称为叶节（成熟时干缩，仅凹陷）。禾谷类作物最上一个叶片较短而宽，称为剑叶（旗叶或止叶）。

（四）花序

禾谷类作物的花序基本上有两种，即麦类作物（燕麦除外）所属的复穗状花序（习惯上称为穗状花序）及稻、粟、黍（稷）、高粱、燕麦等所属的圆锥花序。玉米则较为特殊，其雄穗为圆锥花序，雌穗为肉穗状花序。花序由穗轴、穗枝梗、小穗组成。穗轴是由节片彼此连接而成。小穗就着生在穗轴节片的顶端或穗枝梗上。小穗由两个颖片（又称护颖）及被它包着的一朵小花或数朵小花组成。颖片的大小、形状依作物而异，有的呈薄膜状把小穗完全包住，如燕麦；有的则变为窄小的短剑状，如稻；而有些禾谷类作物的颖片呈龙骨瓣的形状，沿着背部形成一条锐利的龙骨（称为脊），顶部有齿。脊和顶齿是区分品种的重要性状。每个小花外面包着2片稃壳，靠外面位置偏下与颖片相连的一片称为外稃（过去称外颖，亦有称下花颖的）；另一片称内稃（内颖、上花颖），芒着生在外稃的顶端（唯燕麦的芒着生在外稃的背上）。在内外稃之间有3个雄蕊（仅水稻有6个）和一个子房下位、柱头羽状二裂的雌蕊，在子房基部靠外稃处有2片无色的薄膜，称为浆片（过去称鳞片）。开花时，它吸水膨胀，撑开外稃，使小花开放。

（五）果实

所有禾谷类作物的籽粒都是单粒种子的果实。果皮很薄，和种皮愈合在一起，植物学上称为颖果。有些禾谷类作物，如皮大麦、皮燕麦、粟、黍（稷）、稻等的颖果还包有颖壳（即内外稃），稻则还具有颖片，而小麦、裸大麦、裸燕麦、玉米等的颖果在脱粒时颖壳就脱掉了。禾谷类作物的颖果，农学上称为"种子"，它分为胚和胚乳两部分（皮除外）。胚位于颖果凸起的一面（即背面）的基部。第一类禾谷类作物种子的腹面具有一条或深或浅的纵沟，称为腹沟；第二类禾谷类作物则没有腹沟。在胚乳中贮藏有大量的养分，籽粒饱满千粒重大者长成的幼苗健壮，所以生产上应选择饱满粒大的籽粒作为播种材料。在第一类禾谷类作物中（除大麦外），其颖果顶端都有短的茸毛，称为冠毛，又称丛毛，这是用来区别禾谷类作物和品种的分类学特征。

第一类禾谷类作物与第二类禾谷类作物的主要形态特征、生物学特性的区别见表1-9所列。

表1-9　第一类与第二类禾谷类作物的主要形态特征、生物学特性的区别

第一类	第二类
籽粒腹部有纵沟	籽粒腹部无纵沟
籽粒发芽时，生出数条胚根	籽粒发芽时仅生出一条胚根
小穗下部的小花发育能结实，上部的小花不结实或退化	小穗上部的小花发育能结实，下部小花都退化
茎通常中空	茎通常被髓充实（稻除外）
有冬性型和春性型	仅有春性型
对温度的要求较低	对温度的要求较高
对水分的要求较高	对水分的要求较低（稻除外）
长日照作物	短日照作物
从出苗到分蘖初期生长较快	从出苗到分蘖初期生长较慢

四、方法与步骤

1. 取各作物已发芽的种子，观察胚根发生情况及比较两类作物胚根数目的多少。取不同覆土深度的麦苗植株观察胚根及不定根着生的情况、主要特征及根茎的形成情况。

2. 认识禾谷类作物叶的特征，观察几种禾谷类作物的叶，识别叶身、叶鞘、叶枕、叶舌及叶耳，注意观察叶舌、叶耳的特征。

3. 识别花序各部分，观察一个正在抽穗的穗子，识别穗轴、小穗、颖片、外稃、

内稃、雄蕊、雌蕊、浆片等。

4. 观察籽粒的构造，取小麦籽粒，观察外表构造上的特征，认识果皮（种皮在内）、胚乳、胚、腹沟、冠毛等。

五、作业

1. 根据根系观察，绘制较深播种的植株图，注明胚根、不定根及根茎，并说明根茎形成的原因。

2. 穗与小穗有何区别？每朵小花的构造如何？小麦、水稻退化小穗与小花在哪些部位最多？在栽培管理上如何减少其退化？

第二章　小麦栽培学实践

实践一　小麦播种前的田间准备与种子准备

一、目的要求

了解小麦的整地和确定小麦播种期的原则，理解小麦种子处理的方法和原理，正确掌握确定小麦播种量的方法，为精细播种、提高小麦的苗期质量做好前期准备。

二、材料与用具

材料：小麦种子、试验田、复合肥、尿素、过磷酸钙、氯化钾。

用具：铁锹、锄头、农用耙子、铲子、麻绳、插地牌、水桶、30 m 卷尺、5 m 卷尺、种子袋、精度 0.01~0.001 g 天平。

三、内容说明

（一）小麦播种前的田间准备工作

1. 清洁

在耕作整地之前，先将田间作物残体、杂草等清除干净。

2. 整地（田）

小麦要达到高产稳产，必须具备一个良好的土壤环境。小麦播前整地质量的好坏，直接影响到播种质量和出苗后的麦苗生长，良好的整地质量有利于培育早、全、齐、匀、壮的苗。因此，深耕细作，创造一个良好的土壤环境，是保证全苗和培育壮苗的重要措施。为此，要遵循如下的六个字：深、细、透、实、平、足。

深，就是要在原有的基础上逐年加深耕作层，打破犁底层，这样可以增厚熟化耕层，有利于土壤蓄水保墒和保肥能力的提高，对作物的根系发育十分有利（小麦根系70%以上集中在耕作层），一般适宜耕深为 22～26 cm。细，就是适时耙地，把土块耙碎，没有明暗坷垃，以免造成缺苗断垄或影响扎根，麦苗瘦弱。透，就是要耕全耙透，不漏耕漏耙。实，就是无架空暗垡，达到上松下实，上松利于种子发芽出土，下实利于麦苗扎根。平，就是耕前粗平，耕后细整，以达到播种深浅一致，浇水时"寸水棵棵到"，出苗整齐。足，就是土壤水分适宜，底墒充足，要求耕作层内含水量占田间持水量的 70%。

3. 施底肥

底肥一般以腐熟有机肥为主，并配合适量的无机肥料。磷肥与钾肥一般都是一次性做底肥施入，氮肥一般将总氮量的 50%～70% 作底肥，50%～30% 作追肥。为使肥料和土壤充分混合，底肥一般结合整地施入土壤中。每亩撒复合肥 25 kg，尿素 5～10 kg。底肥的作用在于提高土壤养分的供应水平，促进幼苗早发，冬前培育壮苗，增加有效分蘖和壮秆大穗。

4. 田间小区的规划与实际操作

本实习课采用 8 个品种（C1、C2、C3、C4、C5、C6、C7、C8），或者 8 个种植密度试验（C8、C12、C16、C20、C24、C28、C32、C36），设置 3 次重复，共计 24 个小区。小区面积为 12 m²（4 m×3 m），即行距为 25 cm、8 行。

为了保证试验结果的准确性，在小区的四周设置 2 m 左右的保护行，在小区与小区之间设置 30 cm 的走道，以方便后期的田间管理和生长情况调查。

每位同学画出田间的实际规划图，并用 2 套卷尺来进行小区的实际规划。

（二）小麦播种前的种子准备工作

1. 选用优良品种

选用能充分利用当地自然与栽培条件并具备高产、稳产、优质、适应性强等优点的品种。

2. 精选种子和种子处理

（1）精选种子。

精选种子主要是通过风选、筛选、泥水选种、机械选种等方法，清除小粒、秕粒、病粒、破碎粒、草籽、杂质等，留下粒大饱满的种子作为播种用种。这样可以提高种子发芽率、发芽势和田间出苗率，促使幼苗生长健壮，为夺取高产打下基础。

（2）种子处理。

小麦播种前，为了促使种子发芽出苗整齐，早发快长以及防治病虫害，都要进行种子处理。种子处理包括播前晒种。

播前晒种可以促进种子的呼吸作用，提高种皮的通透性，加快种子的生理成熟过程，打破种子的休眠期，提高种子的发芽率，消灭部分种子带菌，使种子出苗整齐。晒种一般在播种前 2~3 d 选择晴天晒 1~2 d。药剂拌种是目前安徽省淮北地区采取的主要防治病虫害的措施，应用比较普遍。生产上可采用小麦专用拌种剂和多功能拌种剂拌种，使用量为种子量的 0.20%~0.25%，可同时防治地下害虫和小麦病害。种子包衣是把杀虫剂、杀菌剂、微肥、植物生长调节剂等通过科学配方复配到一起，加入适量溶剂变成糊状，然后利用机械均匀搅拌后涂在种子上，成为包衣。包衣后的种子晾干后即可播种。使用包衣种子省时、省工、成本低、成苗率高，有利于培育壮苗，增产效果比较显著。

3. 确定播种量

（1）基本苗的确定。

从调节基本苗出发，建立小麦合理的群体结构，大体上分为 3 条途径。

① 以主茎成穗为主。

每亩基本苗 30 万~40 万个，群体大（总蘖数最高可以达到 120 万个），分蘖成穗率低。适用于春性较强，播种偏晚，有效分蘖期较短的自然条件。通过增加播种量，依靠主茎成穗达到高产。

② 以分蘖成穗为主。

每亩基本苗 8 万~12 万个。通过减种控苗，采取适时早播、匀播，以分蘖成穗为主夺高产。

③ 主茎穗与分蘖穗并重。

每亩基本苗 15 万~20 万个，在总穗数中主茎穗与分蘖穗大体各占一半。采取中等播量，重底肥，早追肥，控制无效分蘖，争取穗多、穗大，这也是安徽地区小麦高产的基本模式。

（2）播种量的计算。

① 称重法。

$$播种量（kg/hm^2）=\frac{计划基本苗（万个/667~m^2）\times 千粒重（g）}{发芽率（\%）\times 田间出苗率（\%）\times 1000\times 1000}$$

在土壤墒情适宜的情况下，发芽率按照 90%、田间出苗率按照 80% 计算。计划苗数按照 20 万/667 m²。千粒重根据不同的品种实际进行确定。

千粒重测定的具体方法如下：准备两份 500 粒种子，分别称量质量，若两者之间的质量之差大于 0.1 g，需继续数一份 500 粒，直到达到符合的条件为止，由此计算出千粒重。

按照上面的公式计算出每亩的播种量，再用播种量计算出每个小区的用种量。

$$小区用种量（g）=\frac{每亩播量（kg）}{666.7}\times 小区面积（m^2）\times 1000$$

② 计数法。

根据基本苗数、发芽率、田间出苗率和行距，计算出株距，进行准确的机械播种。行距按照 25 cm 计算。

四、方法步骤

1. 按照田间规划的要求，画出田间的实际规划图。

2. 按照田间的实际规划图，在田间规划出播种用的小区。

3. 按照田间规划的要求，称量每个小区的复合肥、氮肥、磷肥、钾肥用量。

4. 按照田间规划的要求，将复合肥、氮肥、磷肥、钾肥等肥料施入田间。

5. 计算出各个小麦品种的千粒重。

6. 按照实习要求，用两种方法计算出指定密度下的小区用种量，并准备好播种用种子。

五、作业

1. 规划出小麦播种的田间示意图。

2. 列出各个小麦品种的千粒重计算过程。

3. 陈列出小麦用种量的计算过程。

（1）称重法。

将各品种用种量计算过程填入表 2 - 1。将不同密度试验的小麦的用种量填入表2 - 2。

表 2 - 1 不同小麦品种试验的用种量计算表（称重法）

品种	千粒重（g）	发芽率（%）	田间出苗率（%）	播种量（kg/亩）	小区用种量（g）
品种 1					
品种 2					
品种 3					
品种 4					
品种 5					
品种 6					
品种 7					
品种 8					

备注：播种密度为每亩20万基本苗。

表 2-2 不同密度试验的小麦用种量计算表 (称重法)

密度	千粒重 (g)	发芽率 (%)	田间出苗率 (%)	播种量 (kg/亩)	小区用种量 (g)
每亩 8 万基本苗					
每亩 12 万基本苗					
每亩 16 万基本苗					
每亩 20 万基本苗					
每亩 24 万基本苗					
每亩 28 万基本苗					
每亩 32 万基本苗					
每亩 36 万基本苗					

备注：供试品种为（   ）。

（2）计数法。

将各品种种量计算过程填入表 2-3。将不同密度试验的小麦的用种量填入表 2-4。

表 2-3 不同小麦品种试验的用种量计算表 (计数法)

品种	发芽率 (%)	田间出苗率 (%)	每亩播种量 (粒/亩)	1 m 用种量	1 m² 用种量
品种 1					
品种 2					
品种 3					
品种 4					
品种 5					
品种 6					
品种 7					
品种 8					

备注：播种密度为每亩 20 万基本苗。

表 2-4 不同密度试验的小麦用种量计算表 (计数法)

密度	发芽率 (%)	田间出苗率 (%)	每亩播种量 (粒/亩)	1 m 用种量	1 m² 用种量
每亩 8 万基本苗					
每亩 12 万基本苗					
每亩 16 万基本苗					

密度	发芽率 （%）	田间出苗率 （%）	每亩播种量 （粒/亩）	1 m 用种量	1 m² 用种量
每亩 20 万基本苗					
每亩 24 万基本苗					
每亩 28 万基本苗					
每亩 32 万基本苗					
每亩 36 万基本苗					

备注：供试品种为（　　）。

4. 简述在播种前种子准备的注意事项。

实践二　小麦田间播种技术及田间出苗率的观察

一、目的要求

了解小麦播种期选择的要求，掌握小麦播种方式和播种过程中的注意事项，并能够在实际操作中应用，用播后苗情调查来验证播种质量。

二、材料与用具

材料：小麦种子、试验田。

用具：铁锹、锄头、农用耙子、铲子、麻绳、插地牌、水桶、30 m 卷尺、5 m 卷尺、30 cm 直尺、种子袋、精度 0.01～0.001 g 天平。

三、内容说明

（一）选择播种期

冬小麦（秋播）一般在日平均气温稳定于 16～18 ℃时即可播种。春小麦，一般在日平均气温稳定于 0～2 ℃、表土化冻时即可播种。

安徽省一般在 10 月中旬到 11 月初播种较为适合。

（二）选择播种方式

常用的小麦播种方式主要有 3 种。

1. 条播

种子分布均匀，覆土深浅一致，后期通风条件较好，便于机械作业和田间管理。

2. 穴播

穴播又称点播和窝播，在土质黏重、整地不易细碎、开沟条播困难时采用此法。该方法的优点是用种量易控制，便于集中施肥，可减少露籽和深籽，田间出苗率高。缺点是穴行距较宽，土地利用率较低，每穴苗数过多时，窝心苗生长弱。

3. 撒播

在稻茬麦田中，由于土质黏重，排水不良，整地困难，常用撒播方式。该方法的优点是省工，有利于抢时播种。缺点是覆土深浅不易一致，易形成"三籽"（露籽、深籽、丛籽），且田间管理不便（一般播种量比条播要大 30%～100%不等）。

（三）播种深度

播种深浅对小麦生长和培育壮苗影响很大，小麦播种深度以 3～5 cm 为宜。播种过浅，种子在萌发出苗过程中会因土壤失墒而落干，出现缺苗断垄问题，同时播种过浅，分蘖节离地面过近，抗冻能力弱，不利于安全越冬；播种过深，使小麦地中茎伸长过长，使正常情况下不伸长的分蘖节第一节至第二节间伸长，出苗过程中消耗种子中营养物质过多，麦苗生长细弱，分蘖少，冬前难以形成大小适宜的群体，并且植株内养分积累少、抗冻能力弱，冬季和早春易大量死苗。

（四）播种后出苗情况的观察

小麦播种后，大约一周出苗，因此在播种一周后，到各自实际在田间进行播种的小区进行出苗情况的观察，两周左右去田间调查实际的出苗率，并分析产生这种效果的原因。

四、方法步骤

1. 按照气候特点，选择合适的小麦播种期。

2. 按照田间状态，选择合适的小麦播种方式。

3. 按照播种的注意事项，进行田间小麦播种工作。

4. 播种后按时进行田间出苗率的观察，计算田间的实际出苗率。

五、作业

1. 谈一下田间播种过程的注意事项及心得体会。

2. 播种后进行苗期的观察并计算出小麦的实际出苗率，分析一下产生这种出苗率现象的原因。

实践三 植物调节剂对小麦幼苗生长的影响

一、目的要求

生长延缓剂 PP_{333}（多效唑）对芽、枝梢、茎的伸长生长具有强烈抑制作用，因此常被用于调整果树树冠结构和培育健壮幼苗。PP_{333} 在粮食生产中常作为一种壮苗剂进行使用，用其进行浸种、拌种或喷施后可以培育壮苗。

本试验通过对不同浓度 PP_{333} 浸种处理下小麦幼苗一系列形态指标、生理指标的测定，比较不同浓度 PP_{333} 对培育壮苗的效应。

二、材料与用具

材料：具备发芽力的小麦种子、PP_{333}、乙醇。

用具：瓷盘、培养皿、镊子、100 mL 烧杯、1000 mL 烧杯、分析天平、25 mL 容量瓶、剪刀、尺子、漏斗、分光光度计、光照培养箱等。

三、内容说明

（一）幼苗外部形态的观察项目

1. 小麦根系的形态特征

根系在小麦生命活动中，不仅是吸收养分和水分、起固定作用的器官，也参与物质合成和转化过程，所以对根系的研究越来越被人们重视。壮苗先壮根，发根早、扎根深、根系活力强是小麦获得高产的基础。

小麦的根系属须根系，主要分布在 0～40 cm 的土层内，一般 0～20 cm 耕作层内的根系占全部根量的 60%～70%，由初生根（亦称种子根或胚根）和次生根组成，下面将详细解释初生根和次生根。

（1）初生根。

构成：主胚根，1 条，种子萌发时先长出的 1 条；侧根，2～3 d 以后从胚轴的基部发出第 1、2 对侧根；初生不定根，在侧根上方 1～2 条，条件差时没有此根。当幼苗第 1 片绿叶出土后，初生根的数目就不再增加，初生根一般有 3～5 条，饱满的种子在适宜的条件下可达 8 条。

特征分布：上下粗细一致，有分枝，扎根集中，倾于垂直分布，入土深度远远超过次生根，一般可达 2 m，入土深者可达 3 m。分蘖一越冬生长快，拔节后停止生长。

功能期：主要在从出苗期到拔节期，但一直到植株成熟前，仍保持其活力。

（2）次生根。

构成：着生在小麦分蘖节上的根，三叶期之后开始由下而上发生，每节发根数一般为1～3条。次生根是伴随着分蘖的发生而发生的，有两个发生旺盛期：一是冬前分蘖期，二是春季分蘖期。冬前单株分蘖数与次生根数的比例约为1∶1，拔节前后是次生根条数增长速度最快的时期，开花期次生根数达到最大值。单株次生根数一般为30～70条，多者可达百条。

特征分布：粗壮，根毛密集，冬前一般不分支，多生长在20～30 cm耕层，与地表夹角较小。

功能期：一直持续到植株成熟，但在灌浆期根系功能开始衰弱。

2. 小麦叶的形态特征

叶是进行光合、呼吸、蒸腾的重要器官，也是小麦对环境条件反应最敏感的部分，生产上，常根据叶的长势和长相判断作物生长情况（如判断肥水是否充足，缺素症状的诊断等），采取相应的栽培措施。

一片完全叶由叶片、叶鞘、叶耳、叶舌、叶枕等组成。叶片是主要的光合器官，叶鞘能加强茎秆强度，还可进行光合作用和贮存养分。叶舌有防止雨水、灰尘、害虫侵入叶鞘的作用。叶耳的颜色有红、紫、绿等，可以作为品种鉴定的指标。

（二）幼苗生长指标的测定项目

植株生长速率（苗高、根长）、根冠比、比叶重（单位叶面积干重）和叶片的叶绿素含量等可反映出幼苗的素质，是壮苗的可靠指标。本试验选择其中几个指标进行测定。

1. 幼苗高度与根长测定

每种样品测10株，苗高指根颈至叶片最长处距离。根长指根颈至根系最长处距离。

2. 叶绿素含量测定

叶绿素广泛存在于绿色植物细胞叶绿体中。当植物细胞死亡后，叶绿素即游离出来，游离叶绿素很不稳定，对光、热较敏感；在酸性条件下叶绿素生成绿褐色的脱镁叶绿素，在稀碱液中可水解成鲜绿色的叶绿酸盐以及叶绿醇和甲醇。高等植物中叶绿素有两种，即叶绿素a和叶绿素b，两者均易溶于乙醇、乙醚、丙酮和氯仿。

叶绿素含量的测定方法有多种，主要为以下三种。

（1）原子吸收光谱法：通过测定镁元素的含量，进而间接计算叶绿素的含量。

（2）分光光度法：利用分光光度计测定叶绿素提取液在最大吸收波长下的吸光值，即可用朗伯-比尔定律计算出提取液中各色素的含量。

叶绿素a和叶绿素b在645 nm和663 nm处有最大吸收，且两吸收曲线相交于

652 nm处。因此测定提取液在 645 nm、663 nm 波长下的吸光值，并根据经验公式可分别计算出叶绿素 a、叶绿素 b 和总叶绿素的含量。

取 0.2 g 叶剪碎加 80% 乙醇和石英砂少许，在研钵中研至匀浆，过滤入 25 mL 容量瓶，以 80% 乙醇少量多次冲洗研钵和滤纸至无绿色。洗涤液转入容量瓶，定容至刻度。

在 721 分光光度计上，以 80% 乙醇作参比液，测定提取液在 663 nm、645 nm 的光密度值。

叶绿素含量计算公式（对 Arnon 公式略有修改）具体如下：

$$叶绿素 a 含量（mg/g）=（12.7D_{663}-2.69D_{645}）\times V/（1000\times S）$$

$$叶绿素 b 含量（mg/g）=（22.9D_{645}-4.68D_{663}）\times V/（1000\times S）$$

$$总叶绿素含量（mg/g）=（20.29D_{645}+8.02D_{663}）\times V/（1000\times S）$$

式中，V 为叶绿素提取液总量（mL），S 为样品重量（g）。

（3）SPAD-502 叶绿素仪：用 SPAD-502 叶绿素仪在指定叶片的中间部位，避开叶脉部位进行测定。每张叶片测定 3 次，若 3 个数值区别不大，为有效结果，可以求平均值得到该叶片的 SPAD 值。

四、方法步骤

（一）PP$_{333}$浸种

挑选饱满种子 100 粒 3 份，分别置于 100 mL 烧杯中。配制 0 mg/L、50 mg/L、100 mg/L 的 PP$_{333}$各若干毫升（根据需要而定）。将盛有小麦种子的 3 只烧杯编号，分别加入 0 mg/L（蒸馏水）、50 mg/L、100 mg/L 的 PP$_{333}$淹没种子。将烧杯置于 25 ℃ 培养箱中浸种 24 h。

问题：PP$_{333}$ 为 5% 的粉剂，要配制 200 mL 的 50 mg/L 和 100 mg/L 的 PP$_{333}$溶液，应如何配制？

50 mg/L：若配制 1 L，需要 PP$_{333}$粉剂 1 g；若是 200 mL，则为 0.2 g。

100 mg/L：若配制 1 L，需要 PP$_{333}$粉剂 2 g；若是 200 mL，则为 0.4 g。

（二）播种与幼苗培养

倒出各杯中的溶液，以蒸馏水清洗残液一次，倒干水。种子均匀点播在装有沙子的发芽盒中，进行幼苗培养。幼苗培养期间及时补充水分。

（三）幼苗外部形态的观察以及幼苗生长指标的测定

幼苗培养 2 周后进行外部形态的观察以及幼苗生长指标的测定，主要进行小麦出苗率的调查、小麦叶外部形态的观察（叶片、叶鞘、叶舌、叶耳）、初生根外部形态的观察、幼苗高度和根系长度的调查以及叶绿素含量的测定等。

五、作业

1. 统计小麦的出苗率及干物质积累情况，并将结果填入表2-5中。

表2-5 小麦的出苗率及干物质积累结果记载表

处理	出苗率（%）	苗鲜重（g）	根鲜重（g）	根冠比	籽粒重（g）
CK					
50 mg/L					
100 mg/L					

2. 简述小麦初生根的形态。

3. 将测定的幼苗高度、根系长度、根数目的数据和计算结果填入表2-6中，并对结果进行简单分析。

表2-6 小麦苗高、根长及根数目的测定结果记载表

处理		1	2	3	4	5	6	7	8	9	10	平均值
苗高（cm）	CK											
	50 mg/L											
	100 mg/L											
根长（cm）	CK											
	50 mg/L											
	100 mg/L											
根数目（cm）	CK											
	50 mg/L											
	100 mg/L											

4. 将叶绿素含量的测定数据填入表2-7，并对结果进行简单分析。

表2-7 小麦幼苗叶绿素含量的测定结果记载表

处理	CK			50 mg/L			100 mg/L		
	叶绿素a含量	叶绿素b含量	总叶绿素含量	叶绿素a含量	叶绿素b含量	总叶绿素含量	叶绿素a含量	叶绿素b含量	总叶绿素含量
I									
II									
III									
平均值									

实践四　小麦分蘖发生规律的田间调查

一、目的要求

通过田间的实地观察，理论与实践相结合，学生可以更好地掌握小麦分蘖发生的规律。分蘖穗是构成产量的重要组成部分；并且分蘖是环境与群体的"缓冲者"，小麦对环境的适应，以及小麦群体的自动调节作用在很大程度上是通过分蘖进行的；同时在生产上通过密度调整和肥水措施对小麦个体和群体进行促控，在很大程度上也是通过分蘖进行调节的。因此，掌握小麦的分蘖发生规律对小麦生产非常重要。

二、材料与用具

材料：分蘖期的麦田。

用具：记录纸。

三、内容说明

（一）分蘖发生规律

适期播种条件下，出苗后 15～20 d，主茎出现第三叶（3/0）时，可长出胚芽鞘分蘖（C）；主茎第四叶伸出（4/0）时，第一叶分蘖伸出；主茎第五叶伸出时，第二叶分蘖长出。分蘖发生与主茎叶片出现保持 $n-3$ 的同伸关系，称为叶蘖同伸关系。

为了研究和阐述的方便，通常把从胚芽鞘腋长出的分蘖称为胚芽鞘分蘖，用 C 表示；由主茎上长出的分蘖称为一级分蘖，用Ⅰ、Ⅱ、Ⅲ等来表示；由一级分蘖上长出的分蘖称为二级分蘖，用 I_P、I_1、I_2、I_3 等来表示；由二级分蘖上长出的分蘖称为三级分蘖，用 I_{1-P}、I_{1-1}、I_{1-2}、I_{1-3} 等来表示，依次类推。每一个分蘖的第一片叶为不完全叶，称为蘖鞘，常用 P 表示。

小麦主茎不同叶龄期的单株茎蘖数，如不计算芽鞘蘖，则可表示：

主茎叶龄：3 4 5 6 7 8 9 10

单株茎蘖：1 2 3 5 8 13 21 34

1. 小麦分蘖的产生

小麦一生当中的分蘖活动，经历着增长和消亡的过程。正常播种的冬小麦，一般 7 d 左右出苗，出苗后 15～20 d 开始分蘖。此后，随着叶片数量的增加，分蘖数不断增多，群体不断扩大。北方冬麦区，随着气温降低，生长缓慢，气温下降到 2～3 ℃时，分蘖基本停止，达到冬前分蘖高峰；小麦返青后，继续产生新的分蘖，一般麦田在拔节初期全田总茎数达到一生最大值。一般冬季分蘖数占总数的 60％～70％，春季分蘖数占 30％～40％。南方冬麦区不像北方那样有两次产生分蘖，只有冬季一次产生分蘖，大约过年前后就开始拔节，所以南方的小麦秋季播种晚，收获时间却早，这是因为南方的气温较高。

2. 小麦分蘖的两极分化

当主茎开始拔节后，分蘖向两极分化，一部分逐渐死亡，成为无效分蘖，主茎和健壮则发育成穗，成为有效分蘖。小麦的分蘖消亡和分蘖发生一样，有一定的顺序性。它是由外到内，由上至下，即高位蘖、后生蘖先死。冬、春小麦死蘖发生的高峰一般都在拔节后 5～10 d。

（二）分蘖的分类

根据分蘖发生规律，把分蘖分为以下三类。

（1）有效分蘖：拔节后具有 3 叶以上的分蘖，由于具有自身的根系能独立营养，可继续生长抽穗结实。

（2）无效分蘖：拔节后具有 3 叶以下的小蘖。

（3）动摇分蘖：拔节后具有 2 叶 1 心的分蘖，条件好可发展为有效分蘖，条件不好则成为无效分蘖。

（三）影响分蘖的因素

生产上对小麦分蘖的要求不是越多越好，而是根据品种分蘖特性、栽培条件、产量水平等因素，把分蘖利用的可能性和生产条件统一起来，要求植株有一定数量的分蘖，保持单位面积有足够穗数。

1. 品种特性

一般冬性品种因春化阶段较长，分化的叶原基和蘖芽原基的数量较多，分蘖力较强。春性品种分蘖力较冬性品种弱，但同一生态型品种之间分蘖力差异较大，同一品种所处的环境条件不同，其分蘖力亦不相同。

2. 环境条件

（1）温度。

分蘖的最适温度为 13～18 ℃，高于 18 ℃分蘖减缓，分蘖的最低温度为 3～4 ℃。冬前温度高或暖冬年份小麦单株分蘖多，秋寒或冷冬年份分蘖少。

（2）土壤水分。

适于小麦分蘖的土壤水分为田间持水量的 70％～80％。土壤过于干旱，会抑制分蘖的产生；土壤水分过多，由于土壤缺氧，也会造成黄苗，迟迟不发生分蘖。

（3）光照。

麦田光照不足，影响有机营养的制造，使分蘖发生慢，甚至停止。在生产上主要受种植密度的影响，苗密光照条件差，分蘖力弱；苗稀单株营养面积大，光照条件好，分蘖力强。

（4）肥料。

分蘖发育需要大量的氮磷营养物质。氮磷配合使用、苗期施足氮肥，可明显地促进分蘖，增生，且分蘖生长健壮。

3. 播种期

早播小麦，由于气温高，分蘖多且大蘖多，成穗率高。故早播宜稀，晚播宜密，以防群体过大，发生倒伏使小麦减产。

4. 播种密度

播种密度大小主要影响麦田群体光照条件和对肥水的利用状况。密度大则分蘖力弱，密度小则分蘖力强。

5. 整地质量

麦田平整，耕作层深厚和土粒大小适宜，有利于形成壮苗，提高分蘖力和成穗率。

6. 播种质量

适宜的播种均匀度，无缺籽、露籽、丛籽和深籽现象，能显著提高小麦分蘖力。尤其是播种深度对分蘖的影响较大。播种过深，小麦出苗时间延长，幼苗在出土时消耗大量的营养物质，植株分蘖力显著下降，易造成分蘖迟缓和缺位。播种过浅，如遇干旱，使分蘖节处于干土中，也使分蘖力下降。在土壤过湿情况下，播种深度宜浅，否则容易闷种；干旱时播种深度应适当加深。

四、方法步骤

1. 找到正常分蘖的小麦植株，仔细在田间观察或拔出小麦植株后观察，确保是一株。

2. 观察并记载主茎叶片数目。

3. 观察并记载一级分蘖数。

4. 观察并记载二级分蘖数。

5. 观察并记载总茎蘖数。

6. 重复测定最少5个小麦单株，求主茎叶片数、一级分蘖数、二级分蘖数、总茎蘖数的平均值。

7. 分析测定结果与分蘖发生规律是否相符，并分析产生这种结果的原因。

五、作业

1. 将调查所得的数据按照要求填入表2-8中。

表 2-8 单株分蘖数结果记载表

项目	I	II	III	IV	V	平均值
主茎叶片数						
一级分蘖数						
二级分蘖数						
总茎蘖数						

2. 结合所学的分蘖发生规律对实地调查的结果进行简单分析。

实践五　小麦生育期的观察与田间诊断分析

一、目的要求

掌握小麦的生育过程，初步掌握小麦看苗诊断的技术。学会在不同情况下判断苗情好坏的标准，及时采取相应的栽培措施调控小麦的叶色、长势与长相，使小麦群体处于最佳状态，最后获得高产。

二、材料及用具

材料：不同生育期的麦田。

用具：记录纸、米尺、计算器。

三、内容说明

（一）小麦生育期的田间观察标准

1. 播种期

即播种的日期。

2. 出苗期

小麦的第一片真叶露出地表 2～3 cm 时为出苗，田间有 50％以上麦苗达到出苗标准时的日期，为该田块的出苗期。

3. 三叶期

田间有 50％以上麦苗主茎第三叶片伸出 2 cm 左右的日期为三叶期。

4. 分蘖期

田间有 50％以上麦苗第一分蘖露出叶鞘 2 cm 左右的日期为分蘖期。

5. 越冬期

冬麦区冬前日平均气温稳定降至 3 ℃以下，麦苗基本停止生长，到次年春季平均气温稳定升至 3 ℃以上，麦苗恢复生长，这段停止生长的时期称为越冬期。我国北方冬麦区有明显的越冬期，长江以南无明显越冬期。

6. 返青期

在越冬后，春季气温回升时，新叶开始长出，继续生长，这一时期称为返青期。在安徽省，返青期大约为 2 月中下旬。

7. 起身期

次年春季麦苗由匍匐状开始挺立，主茎第一叶叶鞘和年前最后叶叶耳的距离达到

1.5 cm左右，茎部第一节间开始伸长（长度为 0.1～0.5 cm），但尚未伸出地面时，为起身期，一般比拔节期早 7～10 d。

8. 拔节期

田间有 50%以上植株茎部第一节间露出地面 1.5～2.0 cm 时为拔节期。在安徽省，拔节期一般为 3 月中旬左右。

9. 孕穗期（挑旗期）

全田 50%主茎和分蘖的旗叶展开，旗叶叶鞘包着的幼穗明显可见时（旗叶抽出，旗叶与旗下叶的叶枕拉开，大约相距 1 cm）为孕穗期（挑旗期）。

10. 抽穗期

全田 50%麦穗顶部露出叶鞘 2 cm 左右时为抽穗期，也有的标准是全田 50%以上麦穗（不包括茎）由叶鞘中露出穗长的 1/2 时为抽穗期。在安徽省，抽穗期一般为 4 月中下旬。

11. 开花期

全田 50%的穗子上中部的花开放，露出黄色花药时为开花期。

12. 灌浆期

开花期后籽粒开始灌浆，籽粒灌浆的过程为灌浆期。

13. 成熟期

茎、叶、穗发黄，胚乳呈蜡状，籽粒开始变硬，基本上达到原品种固有色泽，为成熟期。在安徽省，大约为 5 月底或 6 月初收获。

（二）苗情诊断标准

小麦出苗以后，由于受各种自然灾害的影响，往往形成各种不同情况的苗情。因此必须因苗制宜地运用各项管理措施。小麦幼苗一般有 3 种类型，即弱苗、壮苗和旺苗。

1. 弱苗

弱苗一般表现为未分蘖缺位较多，根少，蘖少，叶片窄小，叶色偏淡。弱苗冬前制造和储备的养分不足，不利于安全越冬，返青后也难健壮生长。弱苗的表现、主要成因和对不同弱苗应当采取的技术措施大致如下。

（1）弱苗的成因及表现。

① 因干旱缺水而形成的"缩脖苗"主要表现为：幼苗基部叶尖干黄，上部叶色灰绿，分蘖和次生根少或不能发生，植株生长缓慢，心叶迟迟不长，呈现"缩脖"现象，严重时基部叶片枯黄干死，植株停止生长。这类弱苗多发生在抢墒播种、土壤干旱的麦田，以及由于整地粗放、土壤过松、暗坷垃悬空，根与土壤不能紧密接触，吸水困难的麦田。

② 出现在缺磷、板结、播种过浅麦田的"小老苗"主要表现为：矮小、瘦弱，叶片窄、短，分蘖细小或无分蘖；叶鞘和叶片颜色先是灰绿无光，后变铁锈发紫，基部老叶渐次向上变黄、干枯，次生根少，生长不良，新根出生慢，老根变锈色。

③ 由于施肥不当或药害而发生的黄苗称为"肥烧苗"，一般症状是：叶片或叶尖发黄，长势减弱，分蘖减少甚至不能发生，严重时叶片干枯逐渐死亡。就全田苗情来看，黄苗常呈轻重不同、无规律点片发生。检查麦苗时则可发现，根尖发锈或根尖膨大，呈鸡爪状；新根出生不久便停止生长，变得短粗、无根毛；有的在根的某一个部位出现铁锈色甚至烂皮，严重时危及根颈和分蘖节，造成死苗。肥烧苗发生的原因主要是：施用种肥过多，化肥品种使用不当，尤其是过量施用尿素、碳酸氢铵；磷肥质量差、酸度大；过多施用未腐熟有机肥且撒施不匀；药剂处理失误；等等。

④ 由于底肥少、地力薄而出现的"黄瘦苗"主要表现为瘦弱，色淡，叶片薄而细长、无光泽。另外，播种过深的"黄瘦苗"，表现为幼苗叶片细长发软，低位蘖往往不能发生，根系发育不良，苗瘦弱，叶色浅。

（2）措施。

① 对因干旱而形成的"缩脖苗"，及早浇好分蘖盘根水，对旱地麦田，要采取镇压措施。

② 对"小老苗"主要是多松土，深施氮磷混合肥或无机、有机混合肥并结合浇水。

③ 对"肥烧苗"补救措施是立即浇水，浇水后破除板结。

④ 对肥料不足的"黄瘦苗"，要及时追施速效氮肥，并结合浇水，注意中耕松土，每亩施速效氮肥 $15 \sim 20$ kg。

⑤ 因播种过深形成的弱苗，要扒土清垄，或中耕，改善土壤通气状况，促使根系发育。

⑥ 因晚播形成的弱苗，主要是积温不足，这时苗小根少，肥水消耗少，冬前一般不宜追肥浇水，以免降低地温，影响发苗，可浅锄松土，增温保墒。

2. 壮苗

壮苗一般是在播种适时、土壤肥沃、墒情适宜的条件下形成的，其表现为出苗快，叶片较宽大，分蘖和根系均能按期出生，分蘖粗壮，叶片挺而不拔，叶色浓绿，根多，根部附着的土粒也多。

对于这类麦田，要密切注意它的群体发展，基本苗过多，预计越冬前总茎数将明显超过合理指标时，应在分蘖初期及早疏苗。在幼苗生长过程中，发现总茎数提早达到合理指标时，应及时采取深中耕的断根措施，以抑制小蘖出生，促进大蘖壮长。

在苗期分蘖达到预计数以前，如发现麦苗叶色变淡，叶差距拉大，心叶生长迟缓，下部叶片有退黄趋势，应适当追肥浇水。

3. 旺苗

冬前小麦旺苗多是由于播种过早或偏早、播量偏大、肥力偏高形成的,一般有 3 种情况。

(1) 肥力基础较高,施肥量大,墒情适宜,加之播种偏早,因而麦苗生长势强,分蘖多,生长速度快。在冬前每亩基本苗常可达到百万以上,而且植株高、叶片大。若遇暖冬,年后继续旺长,遇冷冬则冻害严重。对这类麦田要及早采取措施,当发现长势强、分蘖过猛时就要设法控制其生长速度。控制的办法是深中耕断根,可用耘锄或耧深耩,一般深锄 10 cm 左右。该措施不仅有效,而且控制效果时间长。断根后,暂时减少水分和养分的吸收,减缓生长速度,在恢复和重新发根过程中,转移了生长重心。实质是控了地上也就促了地下,使根系向下伸展。如果深锄后仍然很旺,隔 7~10 d 可再进行一次。

(2) 有一定地力基础,又施了种肥,并因基本苗偏多、播种偏早而形成的旺苗,一般为假旺苗。若冬前不管,到越冬前后就会逐渐衰退成弱苗,即所谓“麦无二旺”。对此应进行疏苗并适当镇压或深锄,在一定程度上控制旺长,增加养分积累并于浇冻水时追施适量化肥(一般每亩施 5~7 kg 尿素),年后即可转为壮苗。

(3) 地力并不太肥,只是由于播种量过大、基本苗过多而造成群体大、苗子挤,使其窜高徒长,根系发育不良时,一般不宜深中耕。有旺长现象的麦田,结合深中耕,可用石磙碾压,以抑制主茎和大蘖生长,控旺转壮。但下湿地和盐碱地不宜碾压,以免造成土壤板结和返碱。

(三) 小麦群体质量的调查

小麦群体质量的调查主要包括基本苗数、冬前茎蘖数、最高茎蘖数和有效穗数,并计算出成穗率。

小麦有条播、撒播、点播等播种方式。播种方式不同,定点取样方法也不一样。一般条播麦观察点每点 1 m² (不取边行),大田生产应布点约 10 个,小区试验的布点 2~3 个;撒播麦每个观察点 1 m²,大田布点 5~10 个,小区布点 2 个;点播麦大田定 100~200 穴,小区 10~20 穴。播种时,按面积和实际播种量计算单位长度(或单位面积)内应播种子数量,再数计一定种子数量分别播到样段之内,之后在样段内观察群体动态变化。

出苗后 10 d 左右计算基本苗数;冬前茎蘖数一般在 12 月或次年 1 月上旬调查;最高茎蘖数在 2 月下旬至 3 月上旬调查;在蜡熟期数计样段内有效穗数。分别数计样段内苗数(主茎加分蘖),再换算成单位面积内的群体数量。

四、方法步骤

1. 在小麦生长的不同生育期,在田间选择有代表性样段,进行观察调查,然后计算其百分率，以确定各生育时期，并记载各生育时期达到的时间。

2. 在越冬期和拔节期进行苗情调查与诊断。

3. 在小麦群体质量调查的时间节点进行小麦群体质量的调查。

五、作业

1. 根据不同生育时期调查结果，撰写出本地区小麦生长发育过程的生育时期轨迹。

2. 根据苗情诊断的数据，提出麦田优化和改进的方案。

3. 根据小麦群体质量调查的数据结果，整理出小麦群体质量的动态变化规律，并根据查找的资料，分析其是否达到高产麦田的群体动态变化规律。

实践六　小麦植株性状考察与产量估算

一、目的要求

了解形态特征考查的方法和步骤，掌握经济产量估算的方法，加深对产量构成因素的理解。

二、材料与用具

材料：不同品种或措施下的 3 种区分度较大的麦田。

用具：记录纸、1 m 直尺、5 m 卷尺、游标卡尺、计算器。

三、内容说明

小麦植株各部分的性状及所占比例，直接影响小麦的单株生产力，进而影响群体生产力或产量，而植株各部位性状因品种、种植环境和栽培技术的不同而有变化。调查单株性状是进行科学试验、评定品种及分析环境和栽培技术合理性必不可少的步骤。

（一）小麦形态特征的考察

1. 株高及整齐度

株高的测量方法为自分蘖节或地面量至穗顶（不连芒），测量 20 株，求其平均值。

株高分三级，判断标准是："高"为 90 cm 以上，"中"为 70～90 cm，"矮"为 70 cm 以下。

整齐度分三级，判断标准是："整齐"为株高相差不到一个麦穗高度；"中等整齐"为株高较一致，少数相差 1 个麦穗以上高度；"不整齐"为全株高度参差不齐。

2. 茎粗

茎粗的测量方法为测量地面上部第二节间茎秆的最粗处的粗度。

茎粗分三级，判断标准是："粗"为大于 6 mm，"中"为 4～6 mm，"细"为小于 4 mm。

3. 芒

小麦的芒分为四级，判断标准是："无芒"为完全无芒或芒极短；"顶芒"为穗顶有短芒，长为 1～15 mm；"短芒"为穗上下均有芒，多少不一，长为 3～40 mm；"长芒"的芒长为 20～100 mm，外颖上均有芒。

4. 颖壳

根据颖壳上有无茸毛，可分为有茸毛颖壳与无茸毛颖壳；根据颖壳的颜色，可分为红色颖壳与白色颖壳。

5. 穗

以正常发育麦穗为准，测量 25 个代表性样本。

（1）穗长：测量穗部长度，求其平均值，单位为 cm。

（2）穗形：穗形分 5 种类型，即纺锤形（中部大、两头尖）、圆锥形（中下部大、上部小）、圆柱形（宽度和厚度相同、上下一致，或称长方形）、倒卵形（上部特大、上较紧密，或称棍棒型）、椭圆形（穗短、中部宽而两端微尖）。

（3）小穗数：分别记录小穗总数、结实小穗数及不实小穗数。

（4）小穗密度：

$$小穗密度 = \frac{小穗总数（包括结实及不结实小穗数）}{穗长}$$

（5）小穗粒数：衡量小穗粒数有 2 个指标，分别为平均每小穗结实粒数和平均每小穗最多结实粒数。

$$平均每小穗结实粒数 = \frac{穗粒数}{每穗结实小穗数}$$

平均每小穗数最多结实粒数的计算方法为记录每个麦穗上结实最多小穗中的结实粒数，求其平均值。

6. 籽粒

（1）粒色：红色（包括淡红色）、白色（包括淡黄色）。

（2）粒形：倒卵形、长圆形、椭圆形。

（3）粒长：长（8~10 mm）、中（6~8 mm）、短（4~6 mm）。

（4）整齐度：整齐、中等整齐、不整齐。

（二）经济产量的估算

1. 有效穗数

在试验小区选择有代表性取样段 2 处，每个取样段取一个 1 m² 的样方，数清样方内有效穗数，求出每亩成穗数。

2. 每穗粒数

取有代表性植株 20 株，数清每一穗的粒数，求得平均每穗粒数。

3. 千粒重

若田间无破坏性估产，可以按照品种的特性和往年结果，估算出千粒重。破坏性取样后，烘干称重，计算千粒重。

4. 产量

以考种材料（每穗结实粒数、千粒重）和每亩有效穗数折算成理论产量，其计算公式：

$$理论产量（kg/亩）=\frac{每亩穗数×每穗实粒数×千粒重}{1000×1000}$$

四、方法步骤

1. 按照内容说明的要求，进行小麦形态特征考查。

2. 按照内容说明的要求，进行经济产量的估算。

五、作业

1. 将小麦形态特征考查结果、小麦穗部性状、小麦籽粒性状填入表 2-9、表 2-10、表 2-11，并进行不同品种或措施间的形态特征差异分析。

2. 将小麦经济产量考查结果记录于表 2-12 中，并进行不同品种或措施间的产量结果比较分析。

3. 结合小麦形态特征和产量结果，分析两者之间的联系。

表 2-9 小麦形态特征考查记载表

品种或措施	株高（cm）	株高类型	株高整齐度	茎粗（mm）	茎粗类型	芒
处理 1						
处理 2						
处理 3						

表 2-10 小麦穗部性状记载表

品种或措施	穗长（cm）	结实小穗数	总小穗数	小穗密度	每小穗结实粒数	每小穗最多结实粒数
处理 1						
处理 2						
处理 3						

表 2-11 小麦籽粒性状记载表

品种或措施	粒色	粒形	粒长（mm）	粒长类型	籽粒整齐度
处理 1					
处理 2					
处理 3					

表 2 - 12　小麦经济产量考查表

品种或措施	1 m² 穗数	亩穗数	穗粒数	千粒重（g）	理论产量（kg/hm²）
处理 1					
处理 2					
处理 3					

第三章　水稻栽培学实践

实践一　水稻育秧及育秧过程管理

一、目的要求

壮秧是高产的基础，我国历来就有"秧好半年稻"之说。因此，培育秧龄适宜、整齐健壮、无病害的水稻秧苗是育秧的基本要求。而育秧是水稻种植过程中最重要的一步，育秧是水稻高产优质的先决条件，了解育秧的过程及管理方法有助于掌握育秧的机理及生长规律，为制订育秧技术规程奠定基础。水稻育秧也是水稻栽培过程中技术含量较高的一个技术阶段，学习和掌握水稻育秧技术也有助于服务"三农"。

通过本试验，学生可以初步掌握常用水稻育秧的基本方法，了解育秧过程中水肥气温的管理原则及方法。

二、材料与用具

材料：水稻种子、15-15-15复合肥、尿素、农药。

用具：育秧盘、育秧土、喷壶。

三、内容说明

（一）确定播种期

由于气候条件的差异，各地播种期都有所不同。黄淮地区麦茬稻一般选择在6月5—15日播种。

（二）整地做床

早春或入冬前，选择背风向阳、土壤肥沃的园田地或固定的旱田地，精细整地，做床。床长一般10～15 m，床宽一般1.7～1.8 m，大棚育苗量则根据棚的面积而定。施足优质的底肥，并把底肥均匀地掺和在表层10 cm的土层中。

（三）配制营养土

用充分腐熟农家肥倒细、过筛，与园田土或其他客土按1∶（2～3）的比例配制营养土,用床土调制剂调酸,捣匀后铺在床面上 3～4 cm 厚。盘育苗要事先装好盘,或选用商业育苗基质。

（四）做好种子处理

早春选择好天气晒种,播前 10 d 左右用相对密度 1.1～1.13 的食盐水选种,选后用清水淘净,然后用浸种灵 300～400 倍液浸种,浸好后催芽,至破胸后晾芽。

（五）浇足底水

播前根据土壤墒情浇足底水;再浇 1500 倍的立枯灵溶液,有利于防治立枯病。播后如果床土墒情不足,也可适当补水。

（六）播种

撒好底土后每盘撒种（55～85 g）,籼稻每亩插秧 45000 株,粳稻每亩插秧 60000 株,根据株数倒推撒种量,如 45000 株每亩/20 盘/千粒重＝75 g 种子,撒种后每盘洒水 1500 g。

（七）药剂灭草

覆土后,每 10 m² 土地用丁草胺 3 g 兑水 1 kg 封闭喷洒,或用草颗粒剂施除。

（八）覆盖

洒水后,每盘覆土 0.5 cm,可以利用自动覆土机进行精准控制土量,均匀覆土。

（九）苗期管理

出苗后每天监测水分含量,水分含量低于 75％开始雾状喷水,保持水分含量在 75％～85％,温度在 25～30 ℃。

1.1 叶 1 心期

监测到 50％的秧苗进入 1 叶 1 心时（50％苗的第一片叶子展开 2 cm 以上）可以每盘施 2 g 尿素,200 倍稀释水肥一体化施入,温度保持在 25～35 ℃。

2.1 叶 1 心期施肥后 2 d

喷施育苗清 5 g、多菌灵 5 g 1000 倍液,灭草杀菌,温度需要保持在 25～35 ℃,使用自动喷药机,可以均匀喷药。

3.2 叶 1 心期

监测到 50％的秧苗进入 2 叶 1 心（50％苗的第二片叶子展开 2 cm 以上）时每盘施 3 g 尿素,200 倍稀释水肥一体化施入,温度需要保持在 25～35 ℃。

4.2 叶 1 心期施肥后 2 d

喷施多菌灵 5 g、三环唑 6 g、噻虫嗪 7 g 1000 倍液,防虫防病。

5. 壮秧期

监测到 50％的秧苗进入壮秧期（达到壮秧标准）,每盘施 3 g 尿素,200 倍稀释水肥一体化施入，喷施多菌灵 5 g、三环唑 6 g、噻虫嗪 7 g1000 倍液。

四、方法步骤

1. 每个班分组进行，每组分别用秸秆育秧盘、商业基质、水稻土 3 种处理按照内容逐步逐项进行。

2. 记录育苗时间，填写秧苗记录表。

五、作业

分别就三次测定的相关数据填入表 3-1、表 3-2、表 3-3，并分析不同处理下作物生长规律及干物质分配率间的区别和联系。

表 3-1　1 叶 1 心秧苗生长记录表

测定日期：

处理	株号	叶片总数	根数	鲜重（g）		干物重（g）	
				地上部	地下部	地上部	地下部
处理 1	1						
	2						
	3						
	4						
	5						
	6						
	7						
	8						
	9						
	10						
处理 2	1						
	2						
	3						
	4						
	5						
	6						
	7						
	8						
	9						
	10						

（续表）

处理	株号	叶片总数	根数	鲜重（g）		干物重（g）	
				地上部	地下部	地上部	地下部
处理3	1						
	2						
	3						
	4						
	5						
	6						
	7						
	8						
	9						
	10						

表 3-2 2 叶 1 心秧苗生长记录表

测定日期：

处理	株号	叶片总数	根数	鲜重（g）		干物重（g）	
				地上部	地下部	地上部	地下部
处理1	1						
	2						
	3						
	4						
	5						
	6						
	7						
	8						
	9						
	10						
处理2	1						
	2						
	3						
	4						
	5						
	6						
	7						
	8						
	9						
	10						

（续表）

处理	株号	叶片总数	根数	鲜重（g）		干物重（g）	
				地上部	地下部	地上部	地下部
处理3	1						
	2						
	3						
	4						
	5						
	6						
	7						
	8						
	9						
	10						

表3-3　3叶1心秧苗生长记录表

测定日期：

处理	株号	叶片总数	根数	鲜重（g）		干物重（g）	
				地上部	地下部	地上部	地下部
处理1	1						
	2						
	3						
	4						
	5						
	6						
	7						
	8						
	9						
	10						
处理2	1						
	2						
	3						
	4						
	5						
	6						
	7						
	8						
	9						
	10						

（续表）

处理	株号	叶片总数	根数	鲜重（g）		干物重（g）	
				地上部	地下部	地上部	地下部
处理 3	1						
	2						
	3						
	4						
	5						
	6						
	7						
	8						
	9						
	10						

实践二　水稻栽培方式和田间水肥管理

一、目的要求

通过实践操作，学生了解水稻在不同栽培方式下的生育特点，制订合理的田间水肥管理配套措施，能够科学分析不同栽培方式的优缺点，结合当地实际情况，选择合理的栽培措施。

二、材料与用具

材料：水稻田、秧苗、肥料。

用具：水管、喷壶。

三、内容说明

（一）水稻直播栽培

水稻直播是指直接将稻种播于本田而省去育秧和移栽环节的种植方式。按土壤水分状况及播种前后的灌溉方法分为水直播、湿直播、旱直播和旱种稻。按播种方式分为撒直播、点直播和条直播。按播种动力分为手工直播和机械直播。

1. 直播水稻的生育特点

直播水稻的全生育期缩短，植株变矮，主茎叶片数减少；分蘖早而多，有效穗数高，成穗率低；根系发达，集中分布于表土层；株型矮小。

2. 直播水稻的优点

（1）省工、省力，劳动生产率高。一般每公顷节省劳动力 15~25 个，劳动生产率提高 30% 左右。

（2）提高复种指数。由于直播稻不需秧田，有利于扩大播种面积，提高复种指数。

（3）节本增效。由于省工、省秧田，并减少了肥料投入（尿素 45~60 kg/hm²）等，可节省成本 450~600 元/hm²，效益增加 750~1200 元/hm²。

（4）便于机械化、规模化种植。从整地、播种、化除一直到收获，可实现全程机械化作业，大大减轻劳动强度，缓解劳动力的季节性矛盾，便于水稻生产的规模化及农业结构的调整。

3. 直播水稻配套栽培技术

（1）选用良种。

（2）全苗技术。

（3）除草技术。

（4）防止倒伏技术。

（二）水稻旱种

水稻旱种就是选用耐旱性较强、丰产性能好的水稻品种，充分利用自然降雨和辅之以必要的灌溉，满足其生理需水，达到丰产的一种最佳节水型种稻方式。

1. 类型

（1）旱地直播旱种。

（2）旱育旱栽。

2. 优点

（1）节水、提高灌溉效率。

（2）合理利用土地、扩大稻田面积。

（3）省力省工。

（4）便于机械化。

（5）经济效益高。

（6）解决山区或旱作区吃大米难等问题。

3. 存在的问题

（1）肥料利用率低。

（2）用水量比旱作物大，推广受到限制。

（3）抗稻瘟病、胡麻叶斑病能力弱。

（三）水稻移栽

1. 移栽的方法

目前生产上栽插秧苗方法有以下几种。

（1）手工拔秧插秧。

手工拔秧插秧是最传统、最普遍的栽秧方法，适宜各种育秧方式的秧苗栽插。此法拔秧时植伤大，应注意提高拔秧和栽插质量。

（2）人工铲秧栽插。

人工铲秧栽插是将秧苗根部 1.0～1.5 cm 厚的表土同秧苗一起铲成秧片，带土插入本田。这种移栽方法适用于旱育秧及小中苗秧，具有提早插秧、缓苗快、分蘖早、抗逆性强等优点。

（3）机插秧。

机插秧是实现水稻生产机械化的主要环节，也是提高劳动生产率、降低成本、扩大经营规模、促进水稻生产发展的重要措施。机插秧适宜特定育秧方式的秧苗栽插，具有工效高、成本低、劳动强度低等优点。

（4）抛秧。

抛秧是利用秧苗带土重力，通过抛甩使秧苗定植于本田的栽插方法，适宜塑料软盘秧苗、定距播种秧苗的栽插，具有工效高、产量高、成本低、劳动强度小等优点。

2. 适时早栽，提高栽插质量

适时早插可充分利用生长季节，延长本田营养生长期，促进早生早发、早熟高产。适时早插要根据温度、前作、品种而定。一般以日平均气温稳定通过 15 ℃以上作为早插适期。早中熟品种宜早插，晚熟品种早插不能早熟，对全年均衡生产不利。在适期早插的基础上，注意提高移栽质量，插秧要做到浅、匀、直、稳，栽插深度一般不超过 3 cm。

（四）水稻的水分管理基本要求

寸水返青，薄水分蘖，晒田控苗，足水孕穗，浅水抽穗，湿润灌浆，落干黄熟。

（五）水稻的吸肥规律

1. 一般苗期吸收量少，随着生育进程的推进，营养体逐渐增大，吸肥量也相应增加。

2. 水稻在分蘖盛期和拔节长穗期吸肥量大，直至抽穗期仍保持旺盛的吸收能力。

3. 抽穗以后，随着根系活力的减弱，肥料的吸收量逐渐减少。

（六）水稻的生育期调查

1. 播种期：播种当天的日期。

2. 出苗期：全区 80％植株达到立针期的日期。

3. 插秧期：移栽当天的日期。

4. 分蘖期：从移植到幼穗分化开始结束的这段时期为分蘖期，这个过程需要经过 30 d 左右（会因品种、植期和育秧的方式不同而有所变化）。

5. 始穗期：全区 10％的稻穗顶端露出叶鞘的日期。

6. 抽穗期：全区 50％的稻穗顶端露出叶鞘的日期。

7. 齐穗期：全区 80％的稻穗顶端露出叶鞘的日期。

8. 成熟期：全区 80％的稻穗基部 2/3 以上的籽粒达到玻璃质状、用指甲不易压碎的程度的日期。

四、方法步骤

1. 做好人员分工和工具材料准备。

2. 按照给定的实习田地具体情况，选择适宜的水稻栽培方式，进行整地和栽播。

3. 根据选择的栽插方式，设计合理的肥料和水分管理方案，做好返青活棵、分蘖肥、晒田等田间管理工作。

4. 记录水稻生育时期。

五、作业

1. 简述水稻的需水和需肥规律。

2. 做好水稻生育期的记载，明确该时间段的肥水管理措施，并如实填写表3-4。

表3-4　水稻生育时期和肥水管理计划记录表

项目	播种期	出苗期	插秧期	分蘖期	始穗期	抽穗期	齐穗期	成熟期
日期								
肥水管理措施								

实践三　水稻的生物学特征及籼稻和粳稻的识别

一、目的要求

认识水稻的根、茎、叶、花、果实的外部形态特征；掌握籼稻与粳稻、黏性与糯性的区别。

二、材料与用具

材料：稻、粳稻品种若干个，籼稻、粳稻幼苗（2～3叶期）和刚抽穗的植株，籼稻、粳稻、糯稻的谷粒（各约 500 g）和米粒（各约 250 g）。

用具：直尺、放大镜等。

三、内容说明

（一）水稻的植物学特征

1. 根

水稻根系为须根系，由胚根和不定根组成。胚根只有一条，在种子发芽时，从胚处直接长出。不定根由茎的基部数个茎节上长出。从芽鞘节上长出的几条不定根与胚根一起形成整体呈鸡爪形的根群，栽培上称鸡爪根。不定根上长出的枝根称为第一次枝根，第一次枝根上再长出的许多细小的根，称为第二次枝根，或称细根、毛根。

从稻根的横剖面结构上看，根由表皮、皮层、中柱构成。在幼根中，皮层是由多层自内向外、自小至大，呈放射状排列的薄壁细胞组成。在老根中，由于根的老化，表皮消失，外皮层木栓化，成为保护组织，而皮层中的薄壁细胞则分化形成裂生通气组织。这个通气组织和茎、叶中类似的组织相连通，是地面上部向根尖端输送氧气的通道，也是水稻能在有水层的条件下生长的原因。水稻幼苗的根裂生通气组织在三叶期才逐渐分化完成，因此，秧苗在三叶期前的水分管理应以间歇性浅灌方式进行。

2. 茎

由节和节间组成。茎秆中空、细长，茎高 60～200 cm，每茎有 10～18 节，多数茎节密集于茎秆基部，地面伸长的仅 4～6 节。茎高及节数因品种和环境条件而不同。每个节上都有一个腋芽，但通常只有接近地表的茎节腋芽能发生分蘖并可发生不定根。茎秆最上位的节称为穗颈节。向下到剑叶叶枕段为穗颈，向上至穗顶端谷粒稃尖处为穗长。

3. 叶

水稻的叶互生于茎秆的两侧,叶序为 1/2。稻谷发芽时,首先出现筒状的胚芽鞘,接着出现的是一片只有叶鞘而无叶舌、叶耳和叶身的绿色不完全叶,以后顺次长出的才是完全叶。在观察叶龄或计算主茎叶片数时,是从第一片完全叶算起的。完全叶由叶鞘、叶身、叶舌、叶耳组成,叶身与叶鞘的交接处称为叶环(叶枕)。最上的一片叶称为剑叶(或顶叶),剑叶宽度及与主茎间形成的角度大小因品种而异,一般剑叶的叶片组织比下部叶片硬直,叶片较短。

4. 稻穗

稻穗花序为圆锥形,穗的中轴称为穗轴,穗轴上有穗节,各穗节上着生分枝,又称第一次枝梗。第一次枝梗上再分出小枝,称为第二次枝梗。在第一次枝梗和第二次枝梗上分生出小穗梗,小穗即着生在小穗梗的顶端。每个小穗有 3 朵小花,但只有上部 1 朵小花能结实,下部的 2 朵小花已退化,各剩下 1 枚外稃。这 2 枚稃片退化,仅保留 2 个条形小突起,附着在结实花基部的两侧,又称护颖。位于小穗梗顶端的两颖片极为退化,仅见不明显的小突起,称副护颖。结实的小花有内、外稃(颖)各 1 枚,雄蕊 6 枚,雌蕊 1 枚和浆片 2 枚。雌蕊的柱头分叉,呈羽毛状。

5. 果实

谷粒内一般有糙米 1 粒,称为颖果,由果皮、种皮、糊粉层、胚及胚乳等部分组成。着生胚的一侧为腹部,其对侧为背部。背部有一条纵沟,称为背沟。腹部常有白色疏松的淀粉沉积,称为腹白,腹白的有无及多少,与品种和栽培的环境条件有关,腹白部分组织疏松。腹白延伸到米粒中央时,称为心白。腹白、心白统称为垩白。垩白占米粒的面积大时,米质差,碾米时易形成碎米,出米率低;反之,米质佳。米粒的颜色有白、红、褐、黑、紫等。

(二)籼稻与粳稻的主要区别

栽培稻(*Oryza sativa*)可分为 2 个亚种:籼亚种(*Oryza sativa* subsp. hsien)和粳亚种(*Oryza sativa* subsp. keng)。在植株形态上,籼稻和粳稻的主要区别见表 3-5 所列。籼稻与粳稻是由许多变种所组成的,依其胚乳的性质不同,又可分为糯性(糯稻)和非糯性(黏稻)。

表 3-5　籼稻和粳稻的形态比较

形态特征	籼稻	粳稻
叶宽度	较宽	较窄
色泽	淡绿	深绿
剑叶开度	小	大

（续表）

形态特征	籼稻	粳稻
茸毛	较多	较少或无茸毛
稃毛	短而稀，散生在稃面上	长而密，集中生在稃棱上
芒	多无芒，有芒时多为直立性短芒	长芒至无芒，芒略呈弯曲状
粒形	细而长，稍扁平	短而宽，较厚
脱粒	易脱粒	难脱粒

四、方法步骤

1. 取水稻幼苗和刚抽穗的稻株，观察胚根、不定根、芽鞘、不完全叶、完全叶、剑叶、穗颈等部分。

2. 取刚生长出的幼苗及较大的老根成熟段，用土豆切缝后夹入，作徒手切片，后用显微镜观察再与永久切片比较。

3. 观察稻穗、小穗、颖花和稻根的构造。取一个稻穗观察穗颈节，穗轴与穗轴节，第一、第二次枝梗及小穗梗。取 1 个小穗观察颖片，退化花外稃，结实小花内外稃和稃尖、稃毛、芒，去壳观察米粒（颖果）的胚、胚乳、腹白与心白。取即将开花的小花观察花药、花丝、柱头、子房及浆片。取新根和老根横切面切片，在显微镜下观察通气组织。

4. 取籼、粳亚种植株，比较观察形态特征，包括根、茎、叶、穗、谷粒等部分。观察谷粒长宽时，可随机取种子 10 粒，先将它们按长度排列（即谷粒的稃尖与谷粒的基部相接），用米尺量取长度；然后将 10 粒种子按其宽排列（即谷粒外稃与谷粒内稃相接），用米尺测量宽度，均以 cm 为单位，重复两次；最后求其平均数，并计算出谷粒长宽比。

5. 测定籼粳谷粒对苯酚的反应。取籼粳品种若干个，各品种取试样两份，每份取谷粒或糙米 100 粒，谷粒在 30 ℃温水中浸 6 h（糙米 2～3 h）后滤去余水，再置于 1％苯酚溶液中染色 12 h，然后将苯酚溶液倒出，用清水洗净种子，再放置在吸水纸上，24 h 后观察染色情况。

6. 测定黏稻水、糯稻米的碘-碘化钾染色反应。取籼型、粳型黏稻和糯稻种子，在米粒横断面上滴碘-碘化钾溶液 1 滴，观察着色情况。

五、作业

1. 绘制水稻幼苗图，注明胚根、不定根、芽鞘、不完全叶和完全叶。

2. 绘制稻穗模式图，注明穗颈、穗颈节、穗轴，第一、第二次枝梗，小穗梗，小穂。

    3. 绘制一小花的解剖图，注明内稃、外稃、花药、花丝、柱头、子房、浆片。

    4. 将观察鉴别籼、粳亚种的分类结果填入表3-6。

表3-6　籼、粳亚种分类结果观察表

材料编号	叶的形状、色泽及顶叶开度	叶毛的多少	芒的有无及长短	稃毛状况	谷粒			脱粒性	亚种（籼稻或者粳稻）
					长度（mm）	宽度（mm）	长/宽		

实践四　水稻长势长相诊断、产量性状调查和测产

一、目的要求

了解水稻群体结构与产量的关系，通过产量性状的调查分析，了解水稻高产形成途径及其生产效能的分析方法。

二、材料与用具

材料：水稻田。

用具：镰刀、米尺、天平（0.01 g）、计算器、透气网袋等。

三、内容说明

（一）水稻大田长势长相诊断

1. 群体大小

（1）总茎蘖数测定：每块地选 3～5 点从纵向、横向分别考查 21 穴之间距离，计算行株距（cm）、单位面积穴数（穴/亩）；每点选 10 穴统计茎蘖数（个/穴），计算单位面积茎蘖数（个/亩）。

（2）叶面积指数测定：每块地定 3～5 点，每点取 1～2 穴测定叶面积，计算叶面积指数（LAI）。叶面积的测定方法可采用称重法、长乘宽系数法（长×宽×0.7）等。

2. 叶色诊断

叶色是指水稻叶片颜色的深浅，即所谓的"黑"和"黄"变化，可以反映稻株的生理状态。"黑"说明含氮率高，以氮代谢为主，光合产物用于新生器官生长，储存少。"黄"指由浓绿转淡，表明以碳代谢为主，叶含氮率低，光合产物储存较多，新生器官生长慢。"黑"是处于某生长中心旺盛生长期，"黄"是处于生长中心转移时期。叶片颜色变化比叶鞘大，因此常用功能叶片和叶鞘颜色作为比较与判断代谢类型的标准，如处于氮代谢类型的叶色深于叶鞘，处于碳代谢类型的则相反，过渡类型的二者颜色接近。

3. 株高

由分蘖节量至最高茎穗的顶端（芒不计算在内）的距离为植株高度，以 cm 表示。

4. 干物质积累

每块地定 3～5 点，每点取 1～2 穴测定其干物质重量（将所取样品放在80 ℃条件下烘干至恒重），计算单位面积干物质积累情况。

（二）室内考种和生产效能分析

（1）有效穗测定：每块地选 3～5 点从纵向、横向分别考查 21 穴之间距离，计算行株距（cm），计算单位面积穴数（穴/亩）；每点选 10 穴统计有效穗数（个/穴），计算单位面积有效穗数（个/亩）。

（2）穗粒数、实粒数及结实率测定：随机统计 10 个有效穗数的总粒数及总实粒数，计算平均每穗粒数、实粒数及结实率。

（3）穗长：指由穗颈节量至穗顶（不包括芒）的距离，指单株上所有穗的平均长度，以 cm 表示。

（4）秆长：由分蘖节量至最高茎穗的穗颈节处的长度为秆长，以 cm 表示。

（5）单株分蘖数：为平均每株的有效分蘖数和无效分蘖数之和。

（6）单株有效分蘖数：是指每株抽穗结实的分蘖数（凡每穗结实粒数不足 5 粒的，不计为有效穗）。

（7）单株总颖花数：即全株结实颖花数和不结实颖花数的总和。

（8）单株籽粒数：即全株结实的颖花数。

（9）千粒重测定：将样品脱粒，数三份 1000 粒（饱满粒）分别称重，计算平均值即为千粒重。

（10）理论产量计算：

理论产量（kg/亩）＝每亩总有效穗数×每穗实粒数×千粒重（g）÷10^6

或理论产量（kg/亩）＝每亩总有效穗数×每穗粒数×结实率×千粒重（g）÷10^6

当被测田块为直播稻时，可用制作规范、面积为 1 m^2 的铁丝或木制方框在样点上框起水稻计穗数，求出平均每平方米实际穗数再乘以 666.7 即为每亩有效穗数。然后再选 2～3 个样点，每点在框内选取 3～4 株（包括分蘖）长势平均的水稻，将稻穗取样，记录每穗的总粒数和实粒数，各点平均，得出全田平均每穗实粒数。千粒重按品种及谷粒的充实度估计，千粒重一般在 24～27 g。若已知该品种千粒重，理论产量则按上述公式计算。

谷草比：籽粒质量与秸秆质量（除去根系）的比值。谷草比＝籽粒质量/秸秆质量。

（11）实际产量测定：

收割小区水稻，脱粒、晒干、扬净后称重，计算实际单产，然后再用理论产量×0.85 来估计实际产量。

四、方法步骤

（一）调查水稻田每亩穴数

移栽稻测定实际穴、行距，在每个取样点上，测量 11 穴或 21 穴稻的横、直距离，再除以 10 或 20，求出该取样点的行、穴距；把各样点的数值进行统计，求出该田的平均行、穴距，再把各样点的数值进行统计，求出该田的平均行、穴距，则求得：

$$每亩实际穴数 = \frac{666.7 \text{ m}^2}{平均行距（m）\times 平均穴距（m）}$$

（二）调查平均每穴有效穗数，求每亩有效穗数

在每个样点上、连续取样 10 穴（每亩田一般调查 5 个点），记录每穴有效穗数（具有 10 粒以上结实谷粒的稻穗才算有效穗），统计出各点及全田的平均每穴有效穗数，则求得：

$$每亩有效穗数 = 每亩实际穴数 \times 平均每穴有效穗数$$

（三）取样考种

每组按照平均有效穗数取样 3 株，自然风干后带回室内考种。

计算理论产量、分析理论产量和实际产量存在差距的原因和提高大田实际产量的栽培措施。

五、作业

统计所负责小区的理论产量和实际产量，并分析理论产量和实际产量存在差距的可能原因，提出提高大田实际产量的有效措施。在实习手册上认真记录实习过程，并撰写实习报告。

实践五　水稻田间病害病情与产量品质调查

一、目的要求

了解水稻病害发生的种类，掌握主要病害的调查方法，计算发病率和病情指数，能够科学分析影响水稻产量和稻米品质的因素。

二、材料与用具

材料：水稻田。

用具：放大镜、记录本、标本采集器等。

三、内容说明

（一）调查内容

对水稻病害的种类、分布特点、为害程度等进行调查。另外，与发病程度的相关因子也要调查记载，如水稻品种、生育期、肥水管理水平、地势等。

（二）调查时间

水稻病害普查最少需在苗期、分蘖后期和穗期进行 3 次。

四、方法步骤

（一）水稻病害普查

根据不同病害种类和分布特点，可采用五点取样法或随机取样法，每点 50 株（穴、叶、穗等），统计各种病害发病率，填入表 3-7。

表 3-7　水稻病害普查表

调查地点：　　　　　　作物种类：　　　　　　调查日期：

病害种类	田块号	地势	土质	水肥条件	品种	种子来源	播期	生育期	发病率（%）	危害程度	备注

（续表）

病害种类	田块号	地势	土质	水肥条件	品种	种子来源	播期	生育期	发病率（％）	危害程度	备注

统计方法：

$$发病率 = \frac{病株（叶、穗）数}{调查总株（叶、穗）数} \times 100\%$$

$$病情指数 = \frac{\sum 各级发病数 \times 各级代表值}{调查总株（叶、穗）数 \times 最高级别代表值} \times 100$$

（二）稻瘟病调查

调查当地稻瘟病发生为害程度，不同品种病害发生差异，学会根据病情、品种、生育期和环境条件分析病害趋势，掌握稻瘟病的预测预报原理和方法。

1. 调查方法

分别选代表性田块 5～10 块，在秧田期、分蘖拔节期、抽穗后各查 1 次。每田查 5 点，每点 50 株（叶、穗），结果填入表 3-8。

表 3-8 稻瘟病调查记载表

调查地点	调查时间	地块代号	品种	生育期	各级病株数						总株数	发病率（%）	病情指数	备注
					0级	1级	2级	3级	4级	5级				

2. 严重度分级标准

（1）苗瘟：

① 0 级无病；

② 1 级病斑 5 个以下；

③ 2 级病斑 6～20 个；

④ 3 级全株发病或部分枯死。

（2）叶瘟：

① 0 级无病；

② 1 级病斑少而小（病斑 5 个以下，长度小于 0.5 cm）；

③ 2 级病斑小而多（6 个以上）或大（长度 0.5 cm 以上）而少；

④ 3 级病斑大而多；

⑤ 4 级全株枯死。

（3）穗瘟：

① 0 级无病；

② 1 级个别枝梗发病（每穗损失在 5% 以下）；

③ 2 级 1/3 枝梗发病（每穗损失 20% 左右）；

④ 3 级穗颈或主轴发病，谷粒半饱（每穗损失 50% 左右）；

⑤ 4 级穗颈发病，瘪谷多（每穗损失 70% 左右）；

⑥ 5 级穗颈发病成白穗（每穗损失 90% 左右）。

3. 统计方法

发病率、病情指数同上。稻瘟病流行预测指标如下。

轻病年：发病面积在 10% 以下，病田加权平均损失率 1% 以下。

中度流行年：发病面积 15% 左右，损失率 5% 左右。

偏重流行年：发病面积 20% 以上，损失率大于 10%。

（三）理论产量估算

详细步骤和方法参考实践四部分理论产量估算内容，进行取样、考种和理论产量计算。

五、作业

1. 列表记载当地水稻病害种类、分布及危害情况。

2. 根据调查结果，结合品种、生育期、气候条件以及田块长相长势和理论产量，预测田块产量，并分析产量、稻米品质与田间病害病情之间的关系。

第四章 玉米栽培学实践

实践一 玉米种子的选择及播种

一、目的要求

俗话说"种瓜得瓜，种豆得豆"。所以种子的恰当选用及播种是丰产丰收的保障。为了取得一年的好收成，要科学选种，适时播种。

二、材料与用具

材料：玉米种子、整理完毕后待播种的间作试验田。

用具：铁锹、锄头、开沟器、农用耙子、铲子、麻绳、插地牌、水桶、30 m 卷尺、5 m 卷尺、30 cm 直尺。

三、内容说明

（一）精选种子

为了提高种子质量，在播种前要对种子进行粒选，选择饱满、大小均匀、颜色鲜亮、发芽率高的种子，去除秕、烂、霉、小的种子。

（二）种子处理

在播种前通过晒种、浸种和药剂拌种等方法，增强种子发芽势，提高发芽率，减轻病虫害，达到苗早、苗齐、苗壮的目的。

1. 晒种

将选出的种子在晴天中午摊在干燥向阳的地上或席上，翻晒 2～3 d。

2. 浸种

一般采用冷水浸种和温汤浸种。冷水浸种时间为 12～24 h，温汤浸种（55～58 ℃）

时间一般为 6～12 h。也可用 25 kg 腐熟人尿兑 25 kg 水或沼液浸种 12 h。还也可用 0.2％的磷酸二氢钾或微量元素溶液浸种 12～14 h。注意：浸过的种子要当天播种，不宜过夜；在土壤干旱又无灌溉条件的情况下，不宜浸种。

3. 拌种

可以用农药如 50％辛硫磷乳油拌种，每千克种子用 2.5 mL 辛硫磷乳油；也可用微量元素如"傲绿"牌营养素拌种，每千克种子用 4～5 g 营养素。包衣种子无须浸种和拌种。

（三）足墒适时早播

根据黄淮海区的气候条件，早播有利于玉米早期蹲苗、延长生育时期。麦垄套种，在小麦成熟前 7～15 d 趁墒套种。高产田晚套种，中低产田早套种。麦茬播种，为了实现早播，麦收后抓紧时间灌足底墒水，足墒麦茬播种，要在 6 月 15 日以前播种完毕。麦茬播种的方式有冲沟播种和挖穴点播。播种时要求深浅一致，播深 5 cm 左右，点播每穴 2～3 粒，株距要均匀，覆土要严，确保一播全苗。

（四）合理密植

玉米的合理密植受气候、肥水、品种特性的影响，一般地力条件较高、施肥较多、灌溉条件好的密度要大些，植株矮小叶片上冲的紧凑型品种密度应大些。可采用宽窄行种植，宽行 80 cm，窄行 40 cm。株距可根据密度而定。

四、方法步骤

1. 以小组为单位，选择饱满、大小均匀、颜色鲜亮、发芽率高的种子，去除秕、烂、霉、小的种子。

2. 在播种前通过晒种、浸种和药剂拌种等方法，增强种子发芽势。

3. 根据气候、肥水、品种特性，合理选种，选择高产晚熟的玉米品种。同时科学处理种子、足墒适时早播、合理密植等。

五、作业

1. 简述筛选玉米良种的依据。
2. 简述夏玉米早播技术，并分小组进行设计后播种。

实践二 玉米科学灌溉技术

一、目的要求

当今社会，可持续发展成为社会的主题。而水资源恰恰是社会可持续发展最重要的保证。所以为了保证玉米的高产、稳产，除了发展和完善水利设施外，还必须推行科学灌溉技术，实施节水灌溉措施。

二、材料与用具

材料：滴灌带、喷带。

用具：铁锹、锄头。

三、内容说明

（一）节水灌溉的方法

节水灌溉的方法主要有以下几种。

1. 沟灌和隔沟灌

玉米种植行距较宽，采用沟灌非常方便。还可采用隔沟灌的方式，即只在玉米宽行开沟灌水，既省工又省水。

2. 管道输水灌溉

一般采用有地下硬塑管、地上塑料软管，一端接在水泵口上，另一端延伸到玉米田远端，边灌边退。

3. 喷灌和滴灌

喷灌和滴灌具有省水、省工、省地、保土和适应性强的特点。

（二）灌溉时机的把握

玉米田是否需要浇水，应根据玉米的生长发育情况、天气情况和土壤含水量情况而定。播种时，良好的土壤墒情是实现苗全、苗齐、苗壮、苗匀的保证。若壤土含水量低于16%，黏土含水量低于20%，沙土含水量低于12%，则需要灌水。从玉米生长发育的需要和对产量影响较大的时期来看，一般应浇好4次关键水。

1. 拔节水

玉米苗期植株较小，耐旱、怕涝，适宜的土壤水分为田间持水量的60%～65%，一般情况下可以不浇水。但玉米拔节后，植株生长旺盛，雄穗和雌穗开始分化，需水量增加。墒情不足时，浇小水。

2. 大喇叭口水

玉米大喇叭口期进入需水临界始期，此期干旱会导致小花大量退化，容易造成雌雄花期不遇，发生"卡脖旱"。

3. 抽穗开花水

玉米抽雄开花期前后，叶面积大，温度高，蒸腾、蒸发旺盛，是玉米一生中需水量最多、对水分最敏感的时期。此期为需水高峰，应保证水分充足，如地表土手握不成团，应立即浇水。浇水一定要及时、灌足，不能等天靠雨，若发现叶片萎蔫再灌水就会减产。

4. 灌浆水

籽粒灌浆期间仍需要较多的水分。适宜的土壤含水量为田间持水量的 $70\% \sim 75\%$，低于 70% 就要灌水。此期保持表土疏松、下部湿润，保证有充足的水分，遇涝要注意排水。

四、方法步骤

以小组为单位，选择不同灌溉方法，进行试验，然后比较节水效果和产量。

五、作业

通过各小组不同灌溉方式的试验，比较各种灌溉方式的节水效果和对工作效率的提高程度，并撰写不同灌溉方式比较的分析报告。

实践三 科学施肥技术

一、目的要求

俗话说："玉米是个大肚汉，能吃能喝又能干。"亩产玉米 700 kg 以上的中高产田，根据夏玉米生长发育特点及示范区土壤条件需每亩追施纯氮 18～24 kg，纯磷 6～8 kg，纯钾 5～8 kg。追施时坚决杜绝"一炮轰"、只追氮肥的现象，要根据示范区测土化验结果实行平衡配方施肥，不仅要重施氮肥，而且要配合磷钾肥和微肥，依据"轻施提苗肥、早施攻秆肥、重施攻穗肥、补施攻粒肥"的方法，分次追施。采用分次追施较"一炮轰"、单施氮肥每亩可增产 10% 以上。

二、材料与用具

材料：化肥。

用具：电子秤。

三、内容说明

（一）攻秆肥

在播种后 25 d 左右，苗高 30 cm 左右时，追施攻秆肥（拔节肥），能够促使中上部叶片增大，延长下部叶片的光合时期。这次追肥占总追肥量的 20%～30%，可亩追适合各区的"沃力"牌玉米专用 BB 肥 30～40 kg；也可亩追尿素 10～15 kg（碳酸氢铵30～40 kg），过磷酸钙 20～35 kg，氯化钾 10～15 kg，硫酸锌 2 kg。宽窄行播种的田块，追肥要追在窄行中间，追近不追远。

（二）攻穗肥

播种后 45 d 左右，株高 120 cm 左右，追施攻穗肥。这正是玉米生长最旺盛的时期，是决定果穗大小、籽粒多少的关键时期，需追施肥量最大。这次追肥占总追肥量的 50%～60%，最好选用碳酸氢铵或尿素。每亩追碳酸氢铵 65～80 kg 或尿素 25～30 kg，追在宽行中间，追远不追近。

（三）攻粒肥

播种后 60 d 左右，在玉米抽丝始期，追施攻粒肥，可以预防玉米后期脱肥，但用量不宜太大，只占追肥总量的 10%～20%。每亩追尿素 6～8 kg。

玉米的这三次追肥时期可以简单地记为："头遍追肥一尺高，二遍追肥正齐腰，三遍追肥出'毛毛'"。另外，在玉米抽雄开花后，要进行根外追肥，一般每亩用 $0.4\% \sim$ 0.5%的磷酸二氢钾溶液 $75 \sim 100$ kg 喷施茎叶，可以显著提高粒重。

四、方法步骤

以小组为单位，选择不同时期施肥，进行试验，观察玉米产量比较效果。

五、作业

比较现在"一炮轰"施肥方法与 3 个施肥期优缺点，并形成报告。

实践四　玉米田化学除草技术

一、目的要求

玉米田杂草生长迅速，与玉米争水、争肥、争空间，对玉米苗期生长危害较大，造成苗瘦、苗弱，在杂草严重且防治不力的地块影响产量可达 10% 以上，因此，必须进行化学除草。

二、材料与用具

材料：除草剂。

用具：喷雾器。

三、内容说明

（一）土壤封闭性除草剂

1. 除草剂品种：目前用于玉米田土壤封闭的除草剂品种很多，效果比较好的有两个品种，40% 玉丰悬乳剂和 40% 乙阿悬乳剂。

2. 使用时间：玉米播种后出苗前。这一时期杂草正处于出苗期，易触药而死亡，待杂草出苗后再喷药，效果就不会太理想。

3. 使用剂量：常用药量，40% 玉丰悬乳剂 165 g/每亩，或 40% 乙阿悬乳剂 180 g/每亩。严禁点燃麦茬，以防燃烧后的麦灰与除草剂发生反应，降低药效。

4. 使用方法：要求必须在浇水或降雨后田间湿度较大时使用。兑药时要充分摇匀，然后按使用面积计算药量，并准确量取。先加少量水将药剂稀释成母液，然后按每亩药量兑水 40~50 kg，搅拌均匀后对土壤表面均匀喷雾。喷药时采取边喷边退的方式进行。

（二）触杀性除草剂

1. 除草剂品种：目前用于玉米田触杀性除草剂品种很多，推荐使用河北宣化农药有限责任公司研制的玉米田特效除草剂。

2. 使用时间：玉米出苗后。触杀性除草剂能有效地防除玉米田中所有已出土的 15 cm 以下杂草及未出土的一年生由种子繁育的禾本科杂草和阔叶杂草。

3. 使用剂量：常用药量，每亩用 150~200 g。

4. 使用方法：兑药时要充分摇匀，然后按使用面积计算药量，并准确量取。先加少量水将药剂稀释成母液，然后按每亩药量兑水 30～50 kg，搅拌均匀后，定向喷雾于杂草及土壤表面，严禁喷到玉米上，以免玉米受害。

四、方法步骤

1. 最好使用喷雾器，兑水量要充足，喷雾要均匀，勿重喷或漏喷，避免大风天气喷雾。

2. 如果土壤干旱，进行土壤处理时，应加大喷液量，可以提高灭草效果。

3. 喷药后地表形成一层药膜，不要中耕而破坏药膜。

4. 喷药以早上 10 点前或下午 4 点后为好，避免药液挥发或破坏药膜。

5. 施药后 24 h 内如遇大雨，应及时补喷。

6. 喷药后及时用碱水清洗喷雾器械，免伤其他作物。

五、作业

比较不同除草剂的药效，并撰写药效分析报告。

实践五　玉米病虫害防治技术

一、目的要求

近几年来，玉米病虫危害呈逐年加重趋势，已成为玉米生产上的主要限制因素，其主要病害有粗缩病、大小斑病、茎腐病、青枯病、锈病和纹枯病等；主要虫害有地下害虫、蓟马、黏虫、玉米螟、蚜虫等。所以，在玉米栽培过程中，必须做好病虫害的综合防治工作，以最大限度地减少其危害。

二、材料与用具

材料：农药。

用具：喷雾器。

三、内容说明

（一）苗期

1. 苗期的虫害主要有地下害虫、蓟马、黏虫

蓟马常群集在玉米心叶内进行危害，玉米被害后叶片上出现黄白色斑纹，严重时叶片扭曲畸形。黏虫是一种"暴食"性害虫，主要以幼虫咬食叶片进行危害，严重时能将茎叶全部吃光。小地老虎常潜伏在苗心，叶被害后呈缺刻或仅留表皮成透明孔洞。3龄以后躲入土中，昼伏夜出，能将玉米嫩茎从基部咬断。

2. 苗期的病害主要有粗缩病和缺锌症

粗缩病多在玉米5～6叶时出现，病株叶色浓绿，叶片宽、短、硬、脆，且密集丛生，植株生长缓慢、矮化，是由带毒灰飞虱传毒使其发病。灰飞虱一般生活在杂草多的地方，因此，在小麦一喷三防时，要将田埂、地头、路边的杂草统一喷洒，以杀伤虫源。也可用1.5%的1605粉3～3.5 kg，加土10～15 kg，在玉米出苗前，撒到点种的玉米行内，发现病株要及时拔除，减少传染源。

玉米缺锌的典型症状是：幼叶基部和中部出现黄色条纹，这些条纹的宽度不断扩大，并逐渐集中到叶片中脉两侧，叶片其他部分仍显绿色。一般在玉米幼苗20～40 cm时出现。缺锌症每亩可用0.2%～0.3%硫酸锌溶液25～30 kg在玉米4～5叶期叶面喷雾防治，增强植株抗病能力。

（二）心叶末期和穗期

1. 主要害虫有玉米螟和蚜虫等

玉米螟可造成玉米花叶、钻蛀茎秆，危害雌穗和雄穗。玉米螟的防治应掌握在心叶末期，采用"三指一撮"法，用 1.5％辛硫磷颗粒剂按每亩 1.5～2 kg 用量丢心，防治效果明显；也可用菊酯类农药兑水 1000 倍液或 50％辛硫磷乳剂 1000 倍液，摘掉喷雾器的喷头，将药液喷入心叶丛中。对于蚜虫，抽雄和剪雄在一定程度上可减轻其危害，也可用 40％乐果乳油或 10％吡虫啉 1000 倍液喷雾防治。

2. 主要病害有纹枯病、玉米大斑病、玉米小斑病、茎腐病、南方锈病和青枯病等

纹枯病发病的部位主要是叶鞘和果穗，其次是茎秆。叶片发病后，初为淡褐色斑块，有时呈水渍状，病害先从基部叶鞘开始，逐渐向植株上部发展，当病害发展到果穗后，穗苞上也形成云纹状大块病斑，不久，上部茎叶即会全部枯死，以后整个果穗干缩。

玉米大斑病发生在生长后期，主要危害叶片，病斑大而少，严重时全田一片枯黄。玉米小斑病在整个生育期都可发生，危害叶片、叶鞘和苞叶。

玉米茎腐病是早播和早熟品种发病重，这是因为土壤中适宜的温湿度病菌孢子易萌发，与玉米的适宜生育期相吻合，导致发病率增高。一般平地发病较轻，岗地和洼地发病重。土壤肥沃，有机质丰富，排灌条件良好，玉米生长健壮的发病轻，而沙质土壤瘠薄，排水条件差，玉米生长弱而发病重。春玉米茎基腐病发生于 8 月中旬，夏玉米则发生于 9 月上、中旬，麦田套种玉米的发病时间介于两者之间。究其原因，一般认为玉米散粉期至乳熟初期遇大雨，雨后暴晴，气温回升快，青枯症状出现较多。

玉米南方锈病一般在冬季种植玉米的南方沿海地区，以病原菌形式进行越冬。在一个生长季节长距离随暖湿气流从南向北由夏孢子传播。在南方地区如果冬季温度过暖，病原菌越冬的菌量增大，病害流行的风险增高。在北方地区，若夏季降雨发生时间偏早，且连续阴雨连绵天气持续时间较长，病害的风险性就会加大。

玉米青枯病是由几种镰刀菌或腐霉菌单独或复合侵染所引起的危害玉米根和茎基部的一类重要土传真菌病害。该病在玉米灌浆期开始显症，乳熟后期至蜡熟期为显症高峰。症状表现为突然青枯萎蔫，整株叶片呈水烫状干枯褪色；果穗下垂，苞叶枯死；茎基部初为水浸状，后逐渐变为淡褐色，手捏有空心感，常导致倒伏。

（三）灌浆成熟期

此时期以防止发生青枯病和早衰为主。主要通过选用抗逆性强的品种，保证单株营养面积，加强田间管理，改善玉米群体的通风透光条件等农业栽培措施来防治。

四、方法步骤

可采用 50％辛硫磷乳剂 1000 倍液、50％甲胺磷乳油 1000 倍液、10％菊马乳油

2000 倍液，或 25％快杀灵每亩 70～80 mL 加水 40 kg 喷雾，防治蓟马和黏虫。地下害虫的防治，可将所有种子于播种前一天，用 50％辛硫磷乳油 50 mL，加水 1 kg 混匀后，均匀喷洒在 20 kg 的种子上，阴干后播种。小地老虎的防治可采有 50％辛硫磷每亩 0.20～0.25 kg，兑水 400～500 kg 顺垄灌根；50％辛硫磷或 90％的晶体敌百虫 0.5 kg 加水稀释，拌碎鲜草 50 kg，于傍晚撒于玉米苗附近，连撒两个晚上。红蜘蛛发生的最根本条件就是干旱，越旱越严重。因此，要适时适度浇水。可用 20％三氯杀螨醇乳油、73％克螨特乳油 1500 倍液喷雾防治。

黑粉病的防治可采用 25％粉锈宁可湿性粉剂 150 g，加 50 kg 种子拌种预防。如发现田间有发生黑粉病的植株，应急时拔除。在叶斑病发病初期，及时摘除下部 2～3 片病叶；可用 70％代森锰锌可湿性粉剂 400～500 倍液、70％甲基托布津或 50％多菌灵可湿性粉剂 500～800 倍液喷雾防治纹枯病和叶斑病。

五、作业

通过合理使用农药，及时关注病虫害的情况，撰写田间病虫害防治效果报告。

实践六 玉米人工去雄和辅助授粉技术

一、目的要求

人工去雄和辅助授粉是增产的必要保障。去雄可以节省养分、水分，同时降低株高，防止倒伏。

二、材料与用具

材料：玉米。

用具：剪刀。

三、内容说明

（一）人工去雄

玉米去雄只要方法得当，一般均表现增产。因玉米在抽穗开花过程中，雄穗呼吸作用旺盛，消耗一定养分，去雄后节省养分、水分，可供雌穗发育，增加穗粒数，去雄还可以改善植株上部光照条件、降低株高、防止倒伏，同时，去雄可有兼防玉米螟的效果。据试验去雄可增产10%左右，农民反映说："玉米去了头，力量大无穷，不用花本钱，产量增一成"。

去雄虽然是一项增产措施，但如果操作不当，茎叶损失过多，还会造成减产，因此，去雄剪雄时要掌握以下几点：

第一，去雄要在雄穗刚露出顶叶尚未散粉时，用手抽拔掉。如果去雄过早，易拔掉叶子影响生长；如果去雄过晚，雄穗已开花散粉，失去去雄意义。

第二，无论去雄或剪雄，都要防止损伤叶片，去掉的雄穗要带到田外，以防隐藏在雄穗中的玉米螟继续危害果穗和茎秆。

第三，去雄要根据天气和植株的长相灵活掌握。如果天气正常，植株生长整齐，去雄可采取隔行去雄或隔株去雄的方法，去雄株数一般不超过全田株数的二分之一为宜，靠地边、地头的几行不要去雄，以免影响授粉。授粉结束后，可将雄穗全部剪掉。以增加群体光照和减轻病虫害。如果碰到高温干旱或阴雨连绵天气，或植株生长不整齐时，应少去雄或不去雄，只在散粉结束后，及时剪除大田全部雄穗。

第四，去雄要注意去小株、去弱株，以便使这些小弱株能提早吐丝授粉。

（二）辅助授粉

玉米是异花授粉作物，往往因高温干旱或阴雨连绵造成授粉不良，结实不饱满，导致减产。试验证明，实行人工辅助授粉，能减少秃顶和缺粒现象，使籽粒饱满，一般可增产 10% 左右。玉米雄花开放主要在上午 8—11 点，此时花粉刚开放，生活能力强，加之上午气温较低，田间湿度较大，最易授粉授精，如果没有风，花粉不易落下，到午后气温升高，田间湿度也下降，花粉生活力降低，甚至死亡，即使再落下来，也无授粉能力。分吐丝晚的植株，如果田间花粉已经散完，无法再授粉，则应采集其他田块玉米的花粉进行授粉。

四、方法步骤

在盛花期如果无风，就要实行人工辅助授粉。授粉可采用人工拉绳法，即用两根竹竿，在竹竿的一端拴上绳子，于上午 9—11 点钟，由两人各拿一竹竿，每隔 6～8 行顺行前进，使绳子在雄穗顶端轻轻拉过，让花粉散落下来。授粉工作要在花粉大量开放期间，一般进行 2～3 次。

五、作业

通过去雄和人工授粉，合理地降低了植株高度，节约了养分，比较两者之间的效果。

第五章　油菜栽培学实践

实践一　油菜种子及苗床准备

一、目的要求

学会区别三大类型的油菜种子外观形态特征；掌握田间试验小区划分以及土地平整方法。

二、材料与用具

材料：甘蓝型、白菜型、芥菜型油菜种子，油菜试验田，氮肥、磷肥、复合肥、硼肥。

用具：皮尺、铁锹、搂扒。

三、内容说明

（一）种子准备

购买甘蓝型、白菜型、芥菜型油菜种子各 1 kg。

（二）苗床准备

1. 选址：土肥沃、疏松、地势高爽平整，排灌方便的未种过十字花科蔬菜的田块。不宜用十边田。

2. 面积：苗床：大田＝1：5～6。

3. 施肥：施足基肥，农家肥 2000 kg/667 m^2，磷肥 30 kg/667 m^2，尿素 15 kg/667 m^2，硼砂 0.5～0.75 kg/667 m^2。

4. 整地作畦

按照种植计划划分小区，整地要求做到平、细、实。

平：畦面平整，雨后或浇水无局部积水。

细：表土层细碎，上无大垡，下无暗垡。

实：适当紧实。

畦宽 1.5~1.6 m，畦沟深 15 cm，宽 30 cm。

四、方法步骤

1. 比较三大类型油菜籽的外观色泽、种子大小，碾碎种子闻闻是否有辛辣味。

2. 分组整地作畦，划分种植小区，确保小区为标准长方形。

五、作业

列表比较三大类型油菜种子生物学特征。

实践二 油菜播种及苗床管理

一、目的要求

了解油菜撒播技术，掌握油菜条播方法；掌握油菜苗床肥水管理方法，学会油菜间苗，确保苗床适宜留苗密度。

二、材料与用具

材料：油菜种子、开沟器、尿素、烯效唑。

用具：微喷灌系统。

三、内容说明

（一）适时播种

播前晒种 $1 \sim 2$ d，去杂物、秕粒。可用 $10\% \sim 15\%$ 的盐水选种（浸 $1 \sim 2$ min 生清水选），也可用种子干重的 10% 的固体增产菌剂均匀拌和，晾干后播种。或采用包衣技术，将油菜种子丸粒化，以增加种子体积，达到匀播，并施用种肥、调节剂、除草剂的目的。

播种期：

淮北：9 月上中旬；江淮之间：9 月中下旬；沿江江南：9 月下旬 $\sim$ 10 月上旬。

早熟种苗龄 $35 \sim 40$ d，迟熟种 $40 \sim 50$ d；白菜型 $30 \sim 35$ d。播种量：早中熟甘蓝以 $1.0 \sim 0.6$ kg/667 m^2 为宜，白菜型以 0.5 kg/667 m^2 为宜。播深以 1 cm 为宜，可采用按畦定量、拌泥土、细砂撒播的方法提高播种均匀度。播后适当镇压畦面，使种子与泥土紧密结合，以利种子快速吸水、早出苗、快出苗。

（二）加强苗床管理

1. 早间苗、早追肥

俗话说，"苗荒苗，胜过草荒苗"。培育壮苗必须间苗，间苗分 3 次，分别如下：

（1）出苗后，达到苗不挤苗，棵棵放单。

（2）二叶期，达到叶不碰叶。

（3）三叶期后结合定苗进行。35 d 苗龄留苗 10 万株/667 m^2。40 d 以上留苗 $7 \sim 8$ 万株/667 m^2，苗间距 $6 \sim 8$ cm。间苗原则为"五去五留"：去弱留壮，去小留大，去劣留纯，去密留匀，去病留健。

苗期追肥要早，常用人畜粪尿腐熟后结合浇水施下，或用 $2.5 \sim 5.0$ kg/667 m² 的尿素兑足量水浇下。施肥要做到二叶施肥，三叶得力，四叶上足，五叶后秧苗根粗叶大、矮壮塌棵。移栽前一周施一次送嫁肥。

2. 勤排水抗旱，勤防病虫害

苗期要保持畦面湿润，防止畦面龟裂起瓦，以免吊死幼苗，沟灌时间不宜过长，水不能淹过畦面，渗透水后即可放水。阴雨天要保持畦沟畅通，以利排水，防止渍害。苗期浇要做到：前期勤浇量要少，中期肥水结合好，后期少浇要蹲苗，起苗前浇一次透水。

苗期病害主要是病毒病，是由蚜虫传播的，可通过防治蚜虫、调节播种期避蚜，增施磷肥、减少重茬面积等措施来防治。虫害除蚜虫外，主要有菜青虫、黄条跳甲、菜螟等，其中以蚜虫和菜青虫危害最为严重，可用乐果、菊酯类农药防治。

3. 使用烯效唑培育矮壮苗

烯效唑是一种新型植物生长延缓剂，油菜苗期使用它，能有效缩短秧苗脚高，幼苗呈匍匐壮，叶多而柄短，抗逆性增强，可大量减少高脚苗的发生，提高苗床利用率 $20\% \sim 30\%$，秧苗栽后提前 $2 \sim 3$ d 返苗，一般增产 $10\% \sim 15\%$。

使用方法：在三叶期叶面喷施 40 ppm 烯效唑溶液 50 kg/667 m²，晴天下午喷施。多效唑 < 100 ppm 无显著效果，多效唑 > 300 ppm 起抑制作用，在土壤中残留过多。

四、方法步骤

1. 分组开展油菜开沟条播，做到种子不断线、不丛籽。
2. 分组开展 3 次间苗和定苗，确保适宜的留苗密度。
3. 注意识别苗期蚜虫、菜青虫等害虫，必要时喷药防治。

五、作业

分析说明油菜机械化直播的必要性。

实践三 油菜壮苗及弱苗形态观察

一、目的要求

认识油菜壮苗及弱苗的形态特征,了解弱苗的形成原因。

二、材料与用具

材料:油菜幼苗植株及挂图,几种类型的弱苗。

用具:米尺。

三、内容说明

(一)壮苗标准

移栽时,判断壮苗特征如下:

1. 绿叶 6~8 片,苗高 6~7 寸。

2. 根颈短粗,长<2 cm,直径 0.6~0.7 cm。

3. 株型矮壮,叶柄短粗,无红叶,叶密丛生不见节,无高脚苗、曲颈苗。

4. 主根直、支细根多。

5. 无病虫害。

(二)常见的弱苗及形成原因

1. 徒长苗:秧苗高大,叶数多,柄过长,根颈粗,缩茎伸长似"高脚"。多因早播、高肥水造成。

2. 高脚苗:主茎抽长,节间明显。多因为过密、过龄造成。

3. 曲颈苗:根颈弯曲,多因播种质量差,露籽、丛籽、深籽造成。

4. 受荫苗:叶小失绿、叶柄细长。多因为播种量过大、出苗不齐造成。

5. 瘦小苗:株矮瘦弱,叶小而红,"僵苗"。多因为肥水不足、迟播、渍害造成。

四、方法步骤

1. 观察壮苗的根、茎、叶的形态特征。

2. 观察弱苗的根、茎、叶的形态特征。

3. 比较壮苗和弱苗根、茎、叶的形态特征差异。

五、作业

1. 油菜弱苗有哪几种？形成原因是什么？

2. 怎样减少油菜弱苗的数量，提高苗床的利用率？

实践四　油菜主要植物学特征与三大类型的形态识别

一、目的要求

认识油菜主要植物学形态特征，识别油菜的三大类型。

二、材料及用具

材料：三大类型油菜的植株标本及挂图，油菜幼苗、植株。

用具：米尺、扩大镜。

三、内容说明

（一）油菜主要植物学特征

1. 根系

直根系，由主根、侧根组成。侧根又分为支根和细根。移栽的油菜因主根损伤较大，不能深扎，而支细根数量特别多。直播油菜主根发达，支细根较少。根颈是子叶节到侧根着生处之间的部分，它是油菜苗期贮存养分的主要部位。它的粗细是划分壮苗、弱苗的重要标准之一。

2. 叶

油菜叶分为子叶和真叶两种，真叶为不完全单叶，无托叶，互生。油菜真叶分为基生叶和茎生叶两类，基生叶有明显的叶柄，称为长柄叶；茎生叶、分枝叶除芥菜型明显的叶柄外，其余均无叶柄或很短，成抱茎或半抱茎状态，称为无柄叶或短柄叶。多数基生长柄叶和短柄叶的叶面积较大，叶身分为顶叶和裂叶两部分。油菜3种真叶的区别，见表5-1所列。

表5-1　油菜3种真叶比较表

叶形	着生部位	出生时期	功能期	作用对象
长柄叶	缩茎段	出苗—抽薹前	苗期—抽薹中期	根系、花芽分化
短柄叶	伸长茎段	越冬后—抽薹中期	抽薹中期—初花期	促根保花上下兼顾
无柄叶	薹茎段	抽薹后期	初花—成熟	花、角果

油菜主茎总叶数因品种而异，且受播种期和栽培条件的影响较大，尤以长柄叶受影响最显著，其次是短柄叶。在常规条件下，一般甘蓝型油菜：晚熟品种生长出30～

35 片叶，中熟品种生长出 30 片叶左右，早熟品种生长出 15～20 片叶。

3. 主茎和分枝

油菜主茎在幼苗时节间缩短不伸长，抽薹后节间迅速伸长呈直立型，到始花时伸长基本停止。主茎高度一般在 150 cm 左右。主茎表面光滑或生有稀刺毛，呈绿、灰蓝色或紫色，常在盛花期木质化程度由下而上渐次增高。

甘蓝型油菜主茎由下而上可分为 3 段，分别为缩茎段、伸长茎段和薹茎段。缩茎段，着生长柄叶。伸长茎段，主茎中部，着生短柄叶。薹茎段，主茎上部，着生无柄叶。

分枝由主茎叶腋间的腋芽发育而成。着生在主茎上的分枝为第一次分枝，着生于第一次分枝上的分枝为第二次分枝，依次类推有第三、四、五次分枝。在一般栽培条件下只有少量的二次分枝和极少数的三次分枝。

依主茎上第一次分枝着生方式不同可将分枝类型分为 3 种：（1）下生分枝型；（2）中（匀）生分枝型；（3）上生分枝型。

4. 花序和花

油菜花序为总状无限花序，可分为：主花序，分枝花序。分枝花序又分为一次分枝花序，二次分枝花序，三次分枝花序。

花序上着生花朵的中央茎秆花序轴，轴上着生大量的单花。品种不同，花序长短不同，一般单株以主花序最长，分枝花序由上而下依次缩短。分枝花序长度和分枝级数呈负相关。

油菜花冠为十字形，完全花、4 枚黄色花瓣，分离或重叠，萼片 4 枚分离，四强雄蕊（6 枚：4 长 2 短），子房上位两室，子房与雄蕊间有蜜腺 4 个，分泌蜜汁，供蜜蜂采蜜传粉。

5. 角果

油菜角果多为长角果，角果是油菜的果实，它由 3 部分组成，分别为果尖（喙）、果瓣、果柄。果尖（喙）由花柱和柱头发育而成。果瓣有 4 片，壳状果瓣 2 片，线状果瓣 2 片，线状果瓣内侧着生侧膜胎座。果柄由花柄发育而成。

角果成熟时在果轴上的着生状可以分为 3 种：直生型，斜生型，垂生型。

油菜生育后期的光合作用主要靠壳状果瓣中的叶绿体来行。

6. 种子

油菜每一角果内一般有 12～40 粒种子。菜籽多为球形或近似球形，卵圆形和不规则棱形，表皮上有网状结构，表皮有黄色、褐色至黑色。甘蓝型油菜籽多为黑色或红褐色。白菜型和芥菜型种子多为黄色、褐色。

菜籽大小用千粒重表示：甘蓝型的千粒重为 2～4 g；白菜型的千粒重为 2～3 g；芥菜型的千粒重为 1～2 g。

（二）三大类型油菜的主要特征

三大类型油菜的主要特征区别较大，主要在株型、子叶、基生叶、薹茎叶、分枝性、花序、授粉方式、种子、硫甙含量、芥酸含量等方面有区别，具体区别和性状比较见表5-2所列。

表5-2　三大类型油菜主要特征比较表

项目	白菜型	芥菜型	甘蓝型
株型	矮小	高大松散	高大
子叶	心脏形	杈形	肾形
基生叶	琴缺，绿色	叶皱，灰绿、紫色	琴缺，蓝绿、绿色
薹茎叶	无柄全抱茎	短柄不抱茎	无柄半抱茎
分枝性	弱或强	弱或强	中等
花序	瓣大、重叠覆瓦 中心低于开放花	小而分离 中心高于开放花	大而重叠 中心高于开放花
授粉方式	异花授粉	常异花授粉	常异花授粉
种子	中等、无辣味	小、有辣味	大、无辣味
硫甙含量	少	中等	高
芥酸含量	中等	少	高

四、方法步骤

1. 观察油菜植株，包括根、茎、叶、花、果实和种子的形态结构。
2. 观察比较油菜三大类型的形态特点。

五、作业

列表比较三大类型油菜植物学特征的区别。

实践五　大田整地及移栽

一、目的要求

掌握油菜移栽方法，体会劳动强度和机械化、轻简化栽培的必要性。

二、材料及用具

材料：油菜试验田。

用具：移栽工具。

三、内容说明

（一）大田整地

结合深耕施足基肥，整地做到三沟配套（畦沟、腰沟、围沟），畦面达到平、细、实。板茬稻田后期要适度晒田或灌跑马水。按照种植计划划分小区，整地要求做到平、细、实。

平：畦面平整，雨后或浇水无局部积水。

细：表土层细碎，上无大垡，下无暗垡。

实：适当紧实。

（二）移栽

1. 起苗

起苗时尽量带土勿伤根，秧苗按大小分级，做到轻运轻放，减少叶片的人为损伤。

2. 适时早栽

适墒移栽力争"四不"：下雨不栽、田烂不栽、未开沟不栽、隔夜苗不栽。

3. 移栽方法

移栽方法有以下 5 种：

铁锹栽缝法：一锹栽一缝，油菜两角种，肥料中间送，一脚踏密缝。

劈沟条栽法：铁锹劈出一条深 13 cm 左右的三角沟，沟内施基肥，后按株距种植油菜。

穴栽法：挖穴后栽菜。

劈沟摆菜压泥法：按行距开沟，沟内先按株距摆好秧苗，再用沟泥压住菜根。

回刀洞法：先用小刀挖洞栽菜，再在旁边 2～3 cm 处挖第二个洞，然后用小刀向第一个洞方向挤压，最后在第二个洞里点施随根肥。

4. 移栽要求

移栽要做到深浅适宜，秧苗直立、稳固。深度以基部叶柄触地，根颈不外露为宜；秧苗不要东倒西歪，根部土壤要适当紧实。栽后要立即浇定根水，土壤过分干旱时要连浇几次，确保移栽成活。

四、方法步骤

1. 分组起苗，油菜苗按照壮弱进行分类放置。
2. 按照穴栽法、劈沟条栽法、铁锹栽缝法进行移栽。
3. 栽后及时浇灌定根水，确保成活。

五、作业

分析比较几种移栽方法的优缺点，论述油菜毯壮苗机械化移栽的优越性。

实践六　油菜主要经济性状考察

一、目的要求

掌握油菜室内考种方法，认识油菜主要经济性状与产量的关系。

二、材料及用具

材料：油菜植株。

用具：米尺、剪刀、电子太平、种子盘等。

三、内容说明

1. 株高：地面至植株顶端的高度（cm）。

2. 有效分枝起点：子叶节到主茎上最下一个一次有效分枝着生处的高度（cm）。

3. 有效分枝数：主茎上结有一个以上有效角果的第一次分枝数。

4. 无效分枝数：没有一个结实角果的第一次分枝数。

5. 主花序有效长度：主花序基部叶节处到主花序顶端最上一个结实角果着生处的长度。

6. 主花序有效角果数：主花序上有效结实角果。

7. 主花序结角密度：主花序有效角果数/主花序有效长度（个/cm）。

8. 全株有效角果数：全株含有一粒以上饱满或半饱满种子的角果数。

9. 每果粒数：［单株产量/（千粒重×1000）］/单株角果数。

10. 千粒重：数1000粒种子，称其重量，2～3次取其平均数（g）。

11. 种子色泽：黄、红、黑、棕。

12. 单株产量：单株油菜籽粒重量（g/株）。

13. 理论产量：

理论产量＝（15×每亩株数×每株果数×每果粒数×千粒重）/1000000，单位为 kg/hm^2。

四、方法步骤

1. 分组进行。

2. 每组在田间选取有代表性的油菜植株5株。

3. 测定油菜主要经济性状。

五、作业

将考种结果填入表 5-3。

表 5-3　油菜主要经济性状考种表

品种	株高（cm）	有效分枝起点（cm）	有效分枝数	有效分枝数	主花序有效长度（cm）	主花序有效角果数	主花序结角密度（个/cm）	全株有效角果数	每果粒数	千粒重（g）	种子色泽	理论产量（kg/hm²）

第六章　花生栽培学实践

实践一　花生发芽过程观察与种子质量分析

一、目的要求

种子发芽率是种子质量的四项必检指标之一。正确及时测定种子发芽率对种子分级、种子收购调运、种子贮藏加工、防止发芽力低的种子下田、确定合理的播种量等具有重要意义。本试验的目的是熟悉种子的发芽条件,掌握标准发芽试验的操作技术并将试验结果与种子质量标准中发芽率或规定值进行比较,判定种子批质量的优劣。

二、材料与用具

材料:不同品种的花生种子。

用具:种子发芽室或光照发芽箱、恒温干燥箱、发芽盒、吸水纸、消毒砂、镊子、温度计（0～100 ℃）、烧杯（200 mL）、标签纸。

三、内容说明

种子发芽需要足够的水分、适宜的温度和充足的氧气,在试验室内,根据不同作物种子萌发所需的外界条件控制发芽所需条件,即根据作物种子种类选择合适的发芽床、适宜的发芽温度及光照,保持发芽床适宜的水分,以获得准确、可靠的种子发芽试验结果。对于花生种子,需要大量的氧气,因此砂床发芽试验适合花生种子。

花生发芽率和发芽势的计算公式如下:

$$发芽率＝（发芽种籽粒数/供试种籽粒数）×100\%$$

$$发芽势＝（发芽势天数内的正常发芽粒数/供试种籽粒数）×100\%$$

四、方法步骤

（一）制备发芽砂床

砂床一般用无化学污染的细砂或清水砂为材料，使用前过筛（0.80 mm 和 0.05 mm孔径的土壤筛）。

（二）数取试验样品

从经过充分混合的净种子中，用数种设备或手工随机数取 40 粒，6 次重复。

（三）置床

在种子置床前要检查各重复间发芽床的含水量是否适宜、一致，以保证发芽整齐。种子置床时，各粒种子之间留有一定的距离，以保证幼苗的生长空间和减少霉菌的传染。

花生种子的砂床水分调到饱和含水量的80%（用水将砂子全部湿透，然后抓在手里不滴水为宜），装入发芽盒内，厚度为2~3 cm，播 40 粒种子，覆盖 1.5~2.0 cm 湿砂，6 次重复。

（四）贴上标签

在发芽盒底盒的侧面贴上标签，写明班级、组号、日期。

（五）检查管理

在发芽试验期间，每天检查发芽箱内的温度和发芽床的水分。其要求是：温度保持在规定温度上下不超过 1 ℃；对发芽床水分不足的，应遵循一致性原则，用喷壶适量补水，若种粒4 周（纸床）出现水膜，则表示水分过多。同时，注意通气和种子发霉情况。在检查中发现表面生霉的种子，应取出洗涤后放回原处，发现腐烂种子应取出并记载。严重发霉（超过 5%）的应更换发芽床。

（六）观察记载

每天进行发芽试验期检查管理的同时，记录花生发芽率。

五、作业

1. 记录花生种子发芽率和发芽势。
2. 比较不同品种之间发芽率和发芽势的差异性。

实践二　花生整地起垄技术

一、目的要求

本试验的目的是熟悉种子的种植土壤条件，加强土壤的排水和透气，更好地发育花生根系，提高花生产量。

二、材料与用具

材料：试验田、复合肥、尿素。

用具：铁锹、卷尺（50 m）、麻绳、标签。

三、内容说明

花生种植对地块有较高的要求，应尽可能选择土层深厚疏松、排水性和肥力以及通透性良好的中性偏酸砂质土壤，给花生高产创造出良好的生长环境。利用起垄种植花生可以疏松种植地的土壤，更好地适合花生的生长，还能让整个耕作层变厚，对发育花生的根系有很大的帮助，并且还有助于果实下扎。

四、方法步骤

（一）整地改土

整地改土，深耕细作，对于黏质土壤，可以加适量细砂，改善结果土层的通透性。对砂层过厚的地，深翻 30 cm，创造蓄水保肥的土层。

（二）施肥

整地前对花生一般施基肥，通常情况下会施 70%～80% 的肥料数量；并且基本上都是施农家土杂肥，每亩地施腐熟的农家肥 2 000～3 000 kg，45% 复合肥 30～40 kg，硼肥 1 kg。

（三）起垄

起垄时垄高为 10～12 cm，垄距为 40～50 cm。播种时花生小行距为 35～45 cm，株距为 13～15 cm，保证花生行与垄边有 10 cm 距离，便于果针入土。

五、作业

1. 概述花生种植土壤的前期处理标准。
2. 概述花生起垄的注意事项。

实践三　花生田间播种技术

一、目的要求

通过本试验，将实践理论课中学到的花生生产理论知识运用于实际生产，深入观察并实践花生拌种、整地、起垄、播种深度等具体操作和指标，切身体会花生生长的重要性及生产现状。

二、材料与用具

材料：普通花生和黑花生的种子。

用具：平地耙、开沟器、插地牌、米尺、直尺。

三、内容说明

播种是花生栽培的重中之重，只有播种质量高才能获得高产优质的花生。提高播种质量首先要选用一级种，然后要种子包衣，一般用多菌灵、钼酸铵、硼砂、硫酸锌进行拌种，拌种可以预防病菌并且可以补充微量肥料。获得高产的关键是控制花生的种植密度，密度由行距、株距及每穴粒数来决定，太密容易造成群体不合理，光合效率降低；太稀则会造成光照资源浪费，产量不高。播种太浅种子容易落干，播种太湿则会容易烂种，因此选择适宜的播种时间、播种行距和株距、播种深度是花生高产的重要条件。

四、方法步骤

（一）整平土地

每个小组领取几把平地耙，在 3 m×4 m 的小区内，将大的土坷垃打碎，把土地耙平。

（二）起垄

在小区内顺着大水沟的方向起五条垄，垄距 40 cm，垄高 10 cm。

（三）播种

播种时，每穴 2 粒，花生穴距 15 cm。计算各自小区的播种数量，计算每亩的播种粒数。

（四）播种深度

花生的播种深度在 5 cm 左右。

（五）播种后田间观察与记录

播种后，每天进行田间观察，及时补充水分，保障花生顺利出苗，并记录播种过程和花生种子萌发过程。

五、作业

1. 叙述花生种植设计的依据。
2. 作图并描述每一种花生的种植分布（行距、间距、幅宽、带宽等）。

实践四　花生清棵技术与实践

一、目的要求

掌握清棵的目的、意义和方法,观察清棵以后的子叶节变化情况。

二、材料与用具

材料:不同品种的花生种子。

用具:小铁锄。

三、内容说明

清棵是指花生基本齐苗进行第一次中耕时,将幼苗周围的表土扒开,使子叶直接曝光的一种田间操作方法。清棵的主要作用,一是可以蹲苗,使第一对侧枝一出生就直接见光,基部节间短而粗壮,侧枝基部的二次枝早生快发,开花早且多,结果早、多、整齐,饱果率高;二是可促根生长,使主根深扎、侧根发生多,有利于提高抗旱能力。此外,亦可清除根际杂草、减轻苗期病虫害。清棵一般可增产 6.6%~23%,平均增产 12.9%。清棵增产的关键是时间要早,在基本齐苗时即清,如果延续到齐苗后5~6 d再清,第一对侧枝已由土中伸出,增产效果则不明显。另外,清棵深度以子叶出土为度,不宜过深;清棵时不能碰掉子叶。

该项技术虽不复杂,但增产效果却非常显著,一般能增产 15%左右。其主要原因,一是利于花生基部侧枝健壮生长。花生结果主要靠基部的第一对侧枝,其次是第二对侧枝,上部侧枝结果很少。花生的第一对侧枝,着生在子叶的叶腋间。花生子叶一般不出土或半出土,花生出苗后如果任其自然生长,第一对侧枝长出地面需要时间很长,而且出土后比较瘦弱,组织幼嫩、节间较长。采取"清棵"措施使花生两片子叶露出地面,第一对侧枝在日光照射下生长比较健壮,节间短、果节密、结果多、产量高。二是可达到"蹲苗"效果。"清棵"能够控制花生幼苗地上部分生长,促进根系发育,增强吸收和抗逆能力,进一步提高花生产量。

四、方法步骤

1. 观察田间未出土的花生,确定位置。

2. 起垄种植的可破垄退土清棵,用大锄深锄垄沟,浅锄垄背,然后用手或小铲清棵。清棵深度以两片子叶露出地面为准。

3. 清棵时一定要注意不要碰掉子叶，否则，侧枝发育失去营养来源，短而细弱，开花结果明显减少，降低产量。

4. 做好相关记录，如有子叶破损及时补种。

五、作业

概述花生清棵的注意事项。

实践五　花生收获与收后处理技术

一、目的要求

本试验的目的为了掌握花生收获、晾晒的注意事项和入库标准，确保花生的安全贮藏。

二、材料与用具

材料：收获的花生。

用具：尺耙、锄头。

三、内容说明

新收获的花生，成熟的荚果含水量 50％左右，未成熟的荚果含水 60％左右，如不及时晾晒，易发生霉烂、变质或遭受冻害。为了安全贮藏，确保花生品质，收获后必须及时晾晒。我国大多数采用自然干燥法，即利用太阳的照射和空气的流动，将荚果中水分蒸发到安全储存标准。摘下的荚果，一般还要进行晾场摊晒，摊晒时，及时清理出部分地膜、叶子、果柄、土坷垃等杂物有利于加速干燥进程。

特别要注意，对于留种用花生，晾晒质量好坏直接影响下茬花生种子的生活力。过高的晾晒温度、阴雨天在室内堆放时间过长，均能降低花生种子的发芽势及田间出亩率。最好在晴天的上午于土场或铺有芦席的场地上晒种，尽量不要选择晴天高温中午时在水泥地上晒种。

四、方法步骤

1. 借助铁锹将花生拔出。

2. 先把花生上的泥土晾干，再往地上摔打，花生便能很快脱落。

3. 将荚果摊成 6～10 cm 厚的薄层，并使其成波浪状，以扩大与太阳和空气的接触面积。

4. 日中要翻动数次，傍晚堆积成长条状，并遮盖草席或雨布以利于防潮。

5. 经 5～6 个晴天，花生荚果基本晒干后，可堆成大堆，3～4 d 后再摊晒 2～3 d，如此反复 2 次，一般种子含水量会降至 10％以下的干燥标准。

6. 鉴定种子是否晒干，可用手搓种子，种皮易脱落，种仁易于切断，断口齐平，表明种子已经干燥，达到入库储存标准（达到 8%～10%的安全含水量）。

五、作业

1. 概述花生收获和晾晒的注意事项。
2. 叙述花生入库的标准。

第七章　大豆栽培学实践

实践一　大豆种子结构观察和发芽率测定

一、目的要求

掌握大豆种子的结构；掌握大豆种子发芽率的测定方法。

二、材料与用具

材料：大豆种子。

用具：烧杯、镊子、放大镜、培养皿、解剖刀、发芽盒、细沙、光照培养箱、标签纸。

三、内容说明

（一）大豆种子的外观和结构

1. 大豆种子的外观

（1）形状：可分为圆形、卵圆形、长卵圆形、扁圆形等。

（2）大小：通常以百粒重表示，百粒重 5.0 g 以下为极小粒种，5.0～9.9 g 为小粒种，10.0～14.9 g 为中小粒种，15.0～19.9 g 为中粒种，20.0～24.9 g 为中大粒种，25.0～29.9 g 为大粒种，30.0 g 以上为特大粒种。

（3）种皮颜色：分为黄色、青色、褐色、黑色等，以黄色居多。

（4）种脐：种子脱离珠柄后在种皮上留下的疤痕。

2. 大豆种子的结构

（1）种皮：种皮包括，表皮、下表皮和内薄壁细胞层 3 层。由于角质化的栅栏细胞实际上是不透空气的，种脐区（脐间裂缝和珠孔）成为胚和外界之间空气交换的主要通道。

（2）胚：胚由两片子叶、胚芽和胚轴组成。子叶肥厚，富含蛋白质和油分，是幼苗生长初期的养分来源。胚芽具有一对已发育成的初生单叶。胚芽的下部为胚轴。胚轴末端为胚根。

（二）大豆种子的发芽率

发芽率指测试种子发芽数占测试种子总数的百分比。发芽率是检测种子质量的重要指标之一，农业生产上常常依此来计算用种量。

四、方法步骤

（一）观察大豆种子的形状、种皮颜色和种脐

根据前述内容，确定供试大豆种子的形状、种皮颜色和种脐形状。

（二）大豆种子百粒重测定

随机选取完整成熟豆粒 100 粒称重（克），称 3 个 100 粒，若两次差异超过 0.5 g，重新取样称重。根据测定结果，确定供试大豆种子大小类型。

（三）大豆种子结构观察

1. 取 1 粒浸软（有利于剥去种皮）的大豆种子，观察它的外形。

2. 用解剖刀在种脐对侧处将种皮划开，小心剥去种皮，用手掰开种子的两片子叶，观察大豆种子的内部结构。

（四）大豆种子的发芽率测定

1. 发芽床的制备：在发芽盒内铺放 1 cm 厚经水洗后烘干的细砂，注入清水，达到饱和为止。

2. 制备试样：从所提供的种子中随机数取 4 组试样样，每组 50 粒。

3. 种子摆放：把种子按组分别摆放在发芽床上，摆完后将种子与细砂压平，加盖，注意不要妨碍空气流通。

4. 标记后送入光照培养箱：在发芽盒上贴好标签，注明试样号数、品种名称、试验开始日期，设置光照培养箱的温度为 25 ℃、光照时间 10 h、黑暗时间 14 h，将发芽盒放入。

5. 定期检查：在发芽试验开始后，每天检查光照培养箱的设置，并定量补充水分。

6. 计算：发芽试验开始 7 d 后，统计正常与不正常发芽的种子数量，计算种子的发芽率。

五、作业

1. 计算大豆种子的百粒重，判断该品种大豆种子大小类型。

2. 绘制解剖后大豆种子的形态，并标明各部分名称。

3. 计算大豆种子的发芽率，判断是否符合种子质量标准（GB 4404.2—2010）。

实践二 大豆播种技术

一、目的要求

掌握大豆播种前土壤耕作技术、分层施肥技术、种子播前处理技术、播种方法和种植密度确定。

二、材料与用具

材料：大豆种子。

用具：烧杯、镊子、放大镜、培养皿、解剖刀、发芽盒、细沙、光照培养箱、标签纸。

三、内容说明

（一）土壤耕作

要求土壤活土层较深，容重不超过 1.2 g/cm³ 为宜，既要通气良好，又要蓄水保肥，地面平整细碎。

（二）种子处理

1. 大田用种质量要求：纯度≥98％，净度≥98％，发芽率≥85％，含水量≤12％。

2. 种子处理：

（1）选种：去杂粒、病粒、虫粒、烂粒、霉粒、秕粒。

（2）晒种：晒种 2～3 天，提高种子发芽率。

（3）进行发芽试验：发芽率低于 80％要更换种子。

（三）分层施肥

种肥可以采用腐熟好的农家肥，但通常用化学肥料。以纯氮（N）20.4～25.5 kg/hm²、P_2O_5 54～67.5 kg/hm²、K_2O 30～50 kg/hm² 做种肥。种子直接接触化肥易发生烧种烧苗，尤其氮肥，因此应深施或分层施肥。深施一般将肥料施在种下 6～8 cm。分层施肥在肥量大时，第一层施在种下 4～5 cm，占种肥施用量的 30％～40％；第二层施在种下 8～15 cm，占种肥施用量的 60％～70％。在施肥量偏少时，第二层可施在种下 8～10 cm。

（四）适宜的播种密度

以夏大豆为例，其合理的密度范围为每亩 1.0～2.0 万株，生产上一般根据播种时间、土壤肥力和种植模式适度调整。5月下旬至6月上旬播种，以肥地每亩1.0～1.2万株，薄地以每亩1.6～2.0万株为宜。6月中下旬播种，肥地以每亩1.4～1.6万株为宜，薄地以每亩2.0～2.4万株为宜。麦垄套种，每亩套种6000～7000穴，双株留苗，每亩密度1.2～1.4万株。

（五）播种方法

1. 精细播种：采用机械垄上单、双行等距精量点播。

2. 垄上机械双条播：双条间距10～12 cm，要求对准垄顶中心播种，偏差不超过±3 cm。

3. 窄行平播：黑龙江省北部地区多采用此种播种法。行距45～50 cm，实行播种、镇压连续作业。

无论采用何种播法，均要求覆土厚度3～5 cm。过浅，种子容易落干；过深，子叶出土困难。

四、方法步骤

1. 精细整地。

2. 分层施肥。

3. 定量播种。

4. 盖土。

五、作业

根据本次实践内容，撰写实践心得。

实践三　大豆苗期形态田间观察

一、目的要求

通过本次实践，掌握大豆根系、根瘤形态特征；认识大豆的茎来源、形态特征；认识大豆的子叶、真叶和复叶。

二、材料与用具

材料：大豆苗期新鲜植株（包括根、茎、叶等）。

用具：铁锹、直尺、游标卡尺。

三、内容说明

（一）大豆的根和根瘤

1. 根

分类与组成：大豆根属于直根系，由主根、侧根和根毛组成。

来源：初生根由胚根发育而成，并进一步发育成主根、侧根和根毛；侧根在发芽后 3～7 d 出现，根的生长一直延续到地上部分不再增长为止。

分布：根量的 80％集中在 5～20 cm 上层内，主根在地表下 10 cm 以内比较粗壮，愈下愈细，几乎与侧根很难分辨，入土深度可达 60～80 cm。侧根是从主根中柱鞘分生出来的。一次侧根先向四周水平伸展，远达 30～40 cm，然后向下垂直生长。一次侧根还再分生二、三次侧根。根毛是幼根表皮细胞外壁向外突出而形成的。根毛寿命短暂，大约几天更新一次。根毛密生使根具有巨大的吸收表面（一株约 100 m^2）。

2. 根瘤

功能：大豆根瘤固氮量可供大豆一生需氮量的 1/2～3/4。

产生时间：出苗后 10 d 左右开始形成根瘤。

条件：根瘤菌是好气细菌，需要通气条件良好，最适温度 25 ℃左右，pH 值 6.5～7.5。

分布：大豆根瘤多集中于 0～20 cm 的根上，30 cm 以下的根很少有根瘤。

形态：不规则的球形，外观深褐色；粒大的内部呈粉红色；粒形小的内部呈淡黄色、绿色或黑色。

3. 大豆的茎

大豆的茎包括主茎和分枝。

来源：茎发源于种子中的胚轴；分枝由腋芽发育而成。

形状：大豆的茎近圆柱形略带棱角。

高度和茎粗：栽培品种有明显的主茎，一般主茎高度在 30～150 cm。茎粗变化也较大，其直径在 6～15 mm。

节：主茎一般具有 5～20 节，有的晚熟品种有 25 节，有的早熟品种仅有 8～9 节。

颜色：幼茎有绿色与紫色两种，绿茎开白花，紫茎开紫花。茎上生茸毛，灰白或棕色，茸毛多少和长短因品种而异。

生长形态：按主茎生长形态，大豆可概分为蔓生型、半直立型、直立型。栽培品种均属于直立型。

高产大豆主茎：株高 90～100 cm，节间小于 5 cm。单株平均节间长度达 5 cm，是倒伏的临界长度。

分枝：大豆主茎基部节的腋芽常分化为分枝，多者可达 10 个以上，少者 1～2 个分枝或不分枝。按分枝与主茎所成角度大小，可分为张开、半张开和收敛 3 种。按分枝的多少、强弱，又可将株型分为主茎型、中间型、分枝型 3 种。

4. 大豆的子叶、真叶和复叶

（1）子叶

来源：子叶是大豆种子胚的组分之一，也称种子叶。

功能：在出苗后 10～15 d，子叶所贮藏的营养物质和自身的光合产物为幼苗提供养分。

（2）真叶

来源：大豆子叶展开后约 3 d，从子叶上部节上长出 2 片对生的单叶与子叶成直角互生，即为真叶。真叶为胚芽内的原生叶，叶面密生茸毛。

（3）复叶

形状：三出复叶。由叶柄、两枚托叶和小叶组成。

大豆小叶的形状、大小因品种而异。叶形可分为椭圆形、卵圆形、披针形和心脏形等。有的品种的叶片形状、大小不一，属变叶型。大粒种叶大，小粒种叶小。

寿命：叶片寿命 30～70 d 不等，下部叶变黄脱落较早，寿命最短；上部叶寿命也比较短，因出现晚却又随植株成熟而枯死，中部叶寿命最长。

四、方法步骤

1. 观察大豆根系、根瘤的形态特征。

2. 观察大豆茎的形态特征。

3. 观察大豆叶片的形态特征。

五、作业与任务

1. 绘制大豆的根系分布示意图。
2. 简述大豆根瘤菌的固氮规律及影响因素。

实践四　大豆结荚期形态田间观察

一、目的要求

通过本次实践，认识大豆花的形态特征；认识大豆荚的形态特征；掌握大豆株高和茎粗的测定方法。

二、材料与用具

材料：大豆结荚期新鲜植株（包括根、茎、叶、花和荚等）。

用具：直尺或卷尺、游标卡尺。

三、内容说明

（一）大豆的花和花序

大豆的花序着生在叶腋间或茎顶端，为总状花序。一个花序上的花朵通常是簇生的，俗称花簇。每朵花由苞片、花萼、花冠、雄蕊和雌蕊构成。

苞片有 2 个，很小，呈管形。苞片上有茸毛，有保护花芽的作用。花萼位于苞片的上方，下部联合呈杯状，上部开裂为 5 片，色绿，着生茸毛。花冠为蝴蝶形，位于花萼内部，由 5 个花瓣组成。5 个花瓣中上面一个大的叫旗瓣，旗瓣两侧有 2 个形状和大小相同的翼瓣；最下面的 2 瓣基部相连，弯曲，形似小舟，叫龙骨瓣。花冠的颜色分白色、紫色 2 种。雄蕊共 10 枚，其中 9 枚的花丝连呈管状，1 枚分离，花药着生在花丝的顶端，开花时，花丝伸长向前弯曲，花药裂开，花粉散出。一朵花的花粉约有 5000 粒。雌蕊包括柱头、花柱和子房 3 部分。柱头为球形，在花柱顶端，花柱下方为子房，内含胚珠 1~4 个，个别的有 5 个，以 2~3 个居多。

授粉方式：大豆是自花授粉作物，花朵开放前即已完成授粉，天然杂交率不到 1%。

花轴：花序的主轴称花轴。大豆花轴的长短、花轴上花朵的多少因品种而异，也受气候和栽培条件的影响。花轴短者不足 3 cm，长者在 10 cm 以上。

（二）大豆的荚

1. 来源

荚由子房发育而成。

2. 茸毛

荚的表皮有茸毛，个别品种无茸毛。

3. 荚色

荚的颜色有草黄、灰褐、褐、深褐以及黑等。

4. 形状

荚的形状分直形、弯镰形和弯曲程度不同的中间形。

5. 荚粒数

各品种有一定的稳定性。栽培品种每荚多含 2～3 粒种子。荚粒数与叶形有一定的相关性。有的披针形叶大豆，4 粒荚的比例很大，也有少数 5 粒荚；卵圆形叶、长卵圆形叶品种以 2～3 粒荚为多。

6. 秕粒

成熟的豆荚中常有发育不全的籽粒，或者只有一个小薄片，通称秕粒。秕粒率常在 15%～40%。

（三）大豆株高和茎粗的测定

1. 株高

测定地面到所有叶片自然伸展时的最高处。

2. 茎粗

用游标卡尺测定茎基部直径，也可以用卷尺测茎基部周长后按圆周换算。

四、方法步骤

1. 观察大豆花和花序的形态特征。
2. 观察大豆荚的形态特征。
3. 测定大豆植株的株高和茎粗。

五、作业与任务

随机选择 10 株大豆植株，测定植株的株高和茎粗，并按表 7-1 记录其花序和荚的形态特征，根据测定结果评价大豆的生长状况。

表 7-1 大豆植株结荚期生长性状记录表

编号	株高（cm）	茎粗（mm）	花序颜色	荚果性状	荚果数量
1					
2					
3					

（续表）

编号	株高（cm）	茎粗（mm）	花序颜色	荚果性状	荚果数量
4					
5					
` ...					
10					

实践五　大豆田间测产和收获

一、目的要求

通过本次实践，了解大豆的收获期；了解收获后晾晒、脱粒的要求；掌握大豆田间测产的方法和要求。

二、材料与用具

材料：大田大豆。

用具：电子天平、托盘天平、尼龙网袋、标签等。

三、内容说明

（一）大豆的收获期

人工收割或机械分段收获适期是黄熟期。黄熟期的特征是：叶片大部分变黄脱落，茎和荚变成黄色，籽粒脱水收缩，与荚壳脱离，荚与粒之间的白膜消失，籽粒含水量逐渐下降到 15％～20％，茎下部呈黄褐色。

联合收割机收获适期是完熟期。完熟期的特征是：植株叶柄全部脱落，籽粒变硬，茎、荚和籽粒都呈现出本品种固有色泽，摇动植株，发出清脆的摇铃声。

（二）大豆的收获方法

1. 人工收获：应在午前植株含水量高不易炸荚时收割。收割后将豆棵晒干脱粒。

2. 机械收获分为联合收获和分段收获：

联合收获：采用联合收割机直接完成收割、脱粒及秸秆还田等作业，综合损失不超过 4％，其中，收割损失不高于 2％，脱粒损失不超过 2％。

分段收获：先把大豆割倒，待晾干后再用联合收割机拾禾、脱粒。分段收获综合损失不超过 3％，其中，收割损失不超过 1％，拾禾、脱粒损失不超过 2％。种子含水量降至 15％以下时，要及时拾禾、脱粒。

（三）大豆的产量构成

大豆的籽粒产量是单位面积的株数、每株荚数、每荚粒数、每粒重的乘积，即：

籽粒产量（kg/hm²）＝每公顷株数×每株荚数×每荚粒数×每粒重（g）/1000

（四）大豆的田间测产

在大豆籽粒成熟时，应及时收获。先在测产田随机选取测产小区 5 个，测定小区的实际面积，然后测定每个小区的实际株数。按小区收获后装袋，分别脱粒、晒干，待籽粒含水量符合要求后测定每个小区的产量。

四、方法步骤

1. 确定测产小区，测定小区面积。
2. 分小区收获后装袋。
3. 晾晒、脱粒。
4. 测定小区产量，计算亩产。

五、作业

1. 描述大豆收获的过程。
2. 随机选择 10 株成熟的大豆植株，按表 7-2 测定相关指标，根据测定结果评价该大豆品种的丰产能力。

表 7-2 大豆植株成熟期生长性状和产量性状记录表

编号	株高 (cm)	茎粗 (mm)	单株荚数	每荚粒数	单株粒重 (g)	百粒重 (g)	含水量 (%)
1							
2							
3							
4							
5							
...							
10							

参 考 文 献

［1］于振文，李雁鸣．作物栽培学实验指导［M］．北京：中国农业出版社，2019.

［2］曹宏，马生发．作物栽培学实验实训［M］．北京：中国农业科学技术出版社，2018.

［3］陈德华．作物栽培学研究实验法［M］．北京：科学出版社，2018.

［4］马占龙．作物栽培学实验实训［M］．北京：中国农业科学技术出版社，2018.

［5］刘宏魁，李景文，王英．作物育种学实验实习指导（北方本）［M］．长春：吉林大学出版社，2010.

［6］黄高宝，柴强．作物生产实验、实习指导［M］．北京：化学工业出版社，2012.

［7］王建林．作物学实验实习指导［M］．北京：中国农业大学出版社，2014.

［8］曹卫星．作物栽培学总论［M］.3版．北京：科学出版社，2021.

［9］董钻，王术．作物栽培学总论［M］.3版．北京：中国农业出版社，2018.

［10］胡立勇，丁艳锋．作物栽培学［M］.2版．北京：高等教育出版社，2019.

［11］王荣栋，尹经章．作物栽培学［M］.2版．北京：高等教育出版社，2015.

［12］于振文．作物栽培学各论（北方本）［M］.2版．北京：中国农业出版社，2013.

［13］杨文钰，屠乃美．作物栽培学各论（南方本）［M］.2版．北京：中国农业出版社，2011.

［14］张洪程，胡雅杰，戴其根，等．中国大田作物栽培学前沿与创新方向探讨［J］．中国农业科学，2022，55（22）：4373－4382.

［15］左青松，杨光，陈源．新时期"作物栽培学"课程教学的几点思考——以扬州大学"作物栽培学"为例［J］．教育教学论坛，2022（40）：78－81.

［16］张和平．作物栽培科学在农业生产中的应用初探［J］．新农业，2020

(18)：76.

[17] 刘旭. 中国作物栽培历史的阶段划分和传统农业形成与发展 [J]. 中国农史，2012，31 (2)：3-16.

[18] 曹敏建. 耕作学 [M]. 北京：中国农业出版社，2002.

[19] 陈宝书. 牧草饲料作物栽培学 [M]. 北京：中国农业出版社.2001.

[20] 陈新红. 作物栽培学实验 [M]. 南京：南京大学出版社.2014.

[21] 陈友云，刘忠松. 新的农业技术革命之管见 [J]. 湖南农业大学学报（自然科学版），1998，(2)：163-167.

[22] 陈雨海. 植物生产学实验 [M]. 北京：高等教育出版社，2006.

[23] 迟爱民，徐兆春，鞠正春. 小麦优质高产栽培新技术 [M]. 北京：中国农业出版社.2005.

[24] 邓建平，葛自强，顾万荣. 中国作物栽培科学发展的回顾与展望 [J]. 中国农学通报，2005 (12)：179-183.

[25] 董树亭. 植物生产学 [M]. 北京：高等教育出版社，2003.

[26] 高俊凤. 植物生理学实验指导 [M]. 北京：高等教育出版社，2006.

[27] 李小方，张志良. 植物生理学实验指导 [M].5版. 北京：高等教育出版社，2016.

[28] 李振陆. 植物生产综合实训教程 [M]. 北京：中国农业出版社，2003.

[29] 刘克礼. 作物栽培学 [M]. 北京：中国农业出版社，2008.

[30] 刘子凡，黄洁. 作物栽培学总论 [M]. 北京：中国农业科学技术出版社，2007.

[31] 王季春. 作物学实验技术与方法 [M]. 重庆：西南师范大学出版社，2012.

[32] 王荣栋，尹经章. 作物栽培学 [M].2版. 北京：高等教育出版社，2015.

[33] 陈刚，李胜. 植物生理学实验 [M]. 北京：高等教育出版社，2016.